NOUVEAUX SOUVENIRS

DE

CHASSE ET DE PÊCHE

PARIS. —IMPRIMÉ CHEZ BONAVENTURE ET DUCESSOIS,
55, QUAI DES AUGUSTINS.

NOUVEAUX SOUVENIRS

DE

CHASSE ET DE PÊCHE

DANS LE MIDI DE LA FRANCE

PAR

LE Vte LOUIS DE DAX

PARIS

E. DENTU, ÉDITEUR

LIBRAIRE DE LA SOCIÉTÉ DES GENS DE LETTRES

PALAIS-ROYAL, 13, GALERIE D'ORLÉANS.

1860

A Monsieur le général

Vicomte LOUIS DE SAINT-PRIEST,

DUC D'ALMAZAN

Mon cher oncle,

Vous m'avez permis de mettre sous votre patronage mon nouveau volume des Chasses et Pêches ;

Acceptez-en la dédicace comme un témoignage de respectueuse affection.

Vicomte LOUIS DE DAX.

Paris, 29 mars 1860.

CHASSE ET PÊCHE

DES VAUTOURS DANS LES PYRÉNÉES

—

C'est dans ces vallées les plus abruptes et les plus sauvages, sur les cimes ardues de la chaîne des Pyrénées, que nous devons nous rendre pour chasser les vautours, les aigles et les gypaëtes.

Ces rois des airs habitent surtout ces hauts plateaux où, pendant l'été, viennent paître les innombrables troupeaux de vaches et de moutons qui quittent alors les plaines de France et d'Espagne. Ils dépassent rarement la zone des sapins, et ce n'est qu'en hiver qu'ils viennent jusque dans les vallées. A l'époque de la ponte, ils construisent leurs nids, les vautours et les aigles sur le penchant à pic des roches les plus élevées ou sur une haute aiguille isolée, les gypaëtes sur les branches des pins ou des sapins qui croissent sur le bord ou le versant des précipices. Le mâle et la femelle vont toujours et en toute saison par couples, et dès que leurs petits peuvent voler et se suffire à eux-mêmes, ils les éloignent d'eux et reviennent à leur vie isolée.

Planant dans les hautes régions des airs, invisibles à nos yeux ou apparaissant tout au plus comme un atome sur le bleu du ciel, rien n'échappe à leur vue perçante : qu'un mouton imprudent tombe dans un précipice, qu'une vache périsse par un accident ou une maladie, les airs se peuplent ; de tous les points de l'espace, ils accourent et décrivent dans leur vol majestueux des cercles concentriques au-dessus de la proie qu'ils s'apprêtent à déchirer ; mais ce n'est qu'après une minutieuse inspection des lieux, après que chaque creux de rocher, chaque arbre, chaque touffe de rhododendron ont été explorés, que le plus hardi vient replier ses ailes immenses à quelques pas de l'endroit où gît la victime. Bientôt la troupe vorace couvre les roches et les pins morts qui étendent leurs branches dépouillées, pareilles aux cent bras d'un géant. Les échos des vallées répètent les cris discordants des vautours, les notes sourdes des aigles et des gypaëtes, et les mille bruits d'une lutte acharnée qui dure encore longtemps après qu'il ne reste plus sur le sol que des os dépouillés et bientôt blanchis par les tempêtes.

L'instinct des vautours et leur habileté à éventer les piéges dépassent toute idée. Quand un appât est placé dans l'espoir de les attirer, ils viennent bien rôder au-dessus, mais à de très grandes hauteurs, et disparaissent bientôt pour ne plus revenir, à moins que le rusé chasseur n'emploie le moyen dont nous parlerons plus loin.

Les proverbes, dit-on, sont l'expression de la vérité, et les chasseurs entre tous en ont une collection des plus complètes, mais dont quelques-uns sont entièrement faux : celui qui s'applique aux vautours et leur donne le sens de l'odorat si développé qu'ils sentent un cadavre à des distances de plusieurs lieues, est tout à fait controuvé. Mais, dit-on encore, quand un animal meurt, vous n'apercevez pas un seul vautour, et quelques heures, quelques minutes même après la mort, son cadavre est entouré et mis en pièces ; le fait est patent, hors de doute, je le reconnais tout le premier, mais je nie que ces oiseaux de rapine y aient été guidés par l'odorat ; je soutiens que c'est par la vue seule, et qu'il suffit d'un vautour qui l'ait aperçu pour que tous ceux qui planent autour de lui, même à de grandes distances, comprennent à ses changements d'allures qu'il a découvert quelque chose : son plus proche voisin les imite et se rapproche ; celui qui est un peu plus éloigné en fait autant, et ainsi de suite jusqu'au dernier.

Étant à Cauteretz, encore trop faible des suites de fièvres d'Afrique pour pouvoir aller chasser l'isard (chamois des Pyrénées), je ne pouvais pas me décider pourtant à rester inactif.

Je passais une partie de mes journées assis sous

le manteau de la large cheminée d'un chasseur, guide, empailleur et aussi honnête qu'habile. Nous devisions chasse et histoire naturelle ; mais le feu sacré demandait à faire éruption : je maudissais la faiblesse de mes jambes, lorsque mon brave guide vint arrêter les attaques d'un spleen qui menaçait mon moral, en me proposant un affût dans la montagne, et un affût aux vautours.

Un mouton devait servir d'appât, et, pour nous éviter l'ennui et les fatigues de l'emmener de Cauteretz, nous devions l'acheter sur les lieux de la chasse.

Après avoir traversé le Gave, nous eûmes une rude ascension à faire pour atteindre le plateau appelé Camp des Basques.

J'y laissai, dans une cabane de berger, le cheval que j'avais enfourché ; le guide acheta pour 8 fr. un vieux mouton, et nous marchâmes encore plus d'une heure, par des sentiers raides et à peine tracés, avant d'arriver à l'endroit favorable.

La vallée s'élargissait et présentait le majestueux aspect d'un cirque ; nous étions placés à peu près à mi-hauteur. Au-dessus de nos têtes s'élevait perpendiculairement une muraille de rochers granitiques de plus de cent pieds d'élévation ; sur notre droite, le précipice se continuait à moins de dix mètres ; des blocs de granit arrachés aux flancs de la montagne avaient roulé jusqu'au fond, et formaient ce que l'on appelle, en langage pyrénéen, un chaos.

Sur la plate-forme où nous étions arrêtés se trouvait une excavation où deux hommes pouvaient facilement se mouvoir, et d'où l'on embrassait sans obstacle un large rayon : c'était le lieu où nous devions tenir l'affût ; mais il fallait en masquer assez habilement l'entrée pour ne pas donner de soupçons. Je me chargeai de cette besogne, pendant que mon guide, par un long détour, irait, du haut des rochers, précipiter le mouton, qui devait venir tomber sur la plate-forme. Cette nécessité était cruelle, mais indispensable : car si nous nous contentions de tuer le mouton sur place, il était certain que nous n'attirerions que des corbeaux et des choucas.

J'avais devant moi à peu près trois quarts d'heure, et ce n'était pas trop, car je devais chercher au loin les branches destinées à nous cacher, et éviter de déranger même un caillou dans les alentours.

A deux cents pas environ, et à un coude que formait le sentier que nous avions gravi, j'avais remarqué de nombreux plans de genévriers : j'en coupai au pied une demi-douzaine, et en les réunissant, je parvins à dissimuler complétement l'entrée de la grotte ; quelques pierres, tirées de l'intérieur, les assujettirent par le pied et les maintinrent en place.

A l'aide de mon couteau, j'arrangeais, au grand détriment de mes doigts, deux ouvertures au milieu des branches pour nous servir comme de meurtrières, lorsque je tressaillis au bruit sourd d'une lourde chute : à dix pas et sur le bord du précipice gisait, brisé et déchiré, le cadavre du mouton, dont la mort devait paraître accidentelle.

A partir de ce moment, je ne devais plus me montrer au dehors ; quelques minutes plus tard, le guide se glissait à mes côtés et arrangeait deux pierres pour nous servir de siéges, en attendant le moment d'agir.

« Il y a quelque trente ans, me dit-il, que nous n'aurions pas eu besoin de tant de précaution, et d'attendre peut-être bien longtemps pour pouvoir tirer quelques-unes de ces vermines, qui, au moment où je vous parle, rôdent dans les nuages, au-dessus de notre mouton, mais ne descendront certes pas encore.

— Vous leur accordez donc une bien grande intelligence ?

— Non, mais une prudence acquise par l'expérience, et une vue qui ne peut être comparée à rien. Vous aurez beau passer en revue tous les coins du ciel, vous n'en distinguerez pas un, tandis qu'il est certain pour nous tous, montagnards, qu'ils sont là-haut à guetter tout ce qui se passe.

— Mais s'ils ont vu le mouton ?

— Ils l'ont vu, c'est sûr ; mais comptez aussi qu'ils nous ont aperçus tous deux : vous sur la plate-forme, moi sur la montagne, et que pas un de nos mouvements ne leur a échappé. Voici un fait, entre mille, que je pourrais vous citer, mais

tenez-le pour certain ; j'y ai joué un rôle assez désagréable pour en garder longtemps le souvenir.

J'avais dix-huit ou dix-neuf ans ; à cette époque, Cauteretz n'était visité que par de rares baigneurs, il n'y venait que ceux qui étaient bien
réellement malades ; les seules courses qu'ils se
permissent, étaient celle du pont d'Espagne et
plus rarement celle du lac de Gaube. Nos hautes vallées, nos pics, n'étaient fréquentés par personne, hormis par quelques bergers, dont les
trompes d'appel, le sifflet aigu, troublaient seuls l'imposant silence : alors aussi les isards et les coqs de
bruyère descendaient jusqu'au bois de la Raillère,
et n'attendaient pas, pour cela faire, que la neige
couvrît les montagnes et que l'hiver suspendît aux
rochers de nos cascades ces splendides décorations
en diamants, que nous appelons les chandelles de
Noel. Ah ! c'était le beau temps...

Mon père était chasseur, comme l'avait été mon
grand-père, comme je le suis, comme les fils de
mon fils le seront, je l'espère.

Dans une de ses excursions, il avait découvert le
nid d'un vautour ; mais, placé sur le penchant à
pic d'un immense rocher, il était fort difficile non-
seulement de s'en rendre maître, mais même de
s'en approcher, car un pan du rocher surplombait
juste au-dessus, et ce n'est qu'en se courbant sur
le précipice et un peu sur la gauche du roc, que
l'on voyait le nid bâti entre deux petites aiguilles,
et avec trois œufs dedans.

Nous en parlions souvent à la veillée ; mon père, mon oncle et moi cherchions le moyen de nous emparer des petits, quand ils seraient prêts à quitter le nid, et nous avions trouvé que ce qu'il y avait de plus simple, c'était de me faire descendre à cheval sur un bâton solidement noué à une forte corde, dont mon père et mon oncle régleraient la manœuvre. Je devais, en outre, porter un long bâton de frêne armé d'un fort crochet, pour pouvoir accrocher les aspérités du rocher, et me rapprocher du nid lorsque j'aurais dépassé l'endroit qui surplombait ; pour plus de sûreté, une deuxième corde plus petite devait être passée sous mes bras et me soutenir en cas d'accident.

Quelques semaines après, nous partions de bonne heure en emportant tout ce qui était indispensable, et nous arrivions, après quelques heures de rude montée, au sommet du pic.

Les jeunes vautours, pareils à trois grosses pelotes de coton blanc, étaient seuls dans le nid ; le père et la mère chassaient sans doute au loin, car nous explorâmes en vain du regard les aiguilles, les rochers, les pics environnants, nous sondâmes les profondeurs du ciel, nous ne vîmes rien.

Nous avions déposé nos fusils contre un bloc de granit ; j'avais jeté bas ma veste, et, un sac passé autour du col, mon long crochet à la main, les cheveux au vent, j'enfourchai allègrement le bâton, qui fut solidement maintenu en place à l'aide de courroies attachées autour de mes cuisses ; la plus petite corde s'enroulait à ma ceinture et d'un deuxième tour passait sous mes aisselles.

Couché à plat ventre sur le bord du précipice, les pieds en avant, je me laissai peu à peu glisser dans le vide, suspendu aux cordages que mon père et mon oncle affalaient doucement et sans secousses ; je ne ressemblais pas mal à une grosse araignée se balançant pendue à son fil.

— Mais vous deviez avoir un affreux vertige ?

— Non, je ne pensais même pas qu'il y eût du danger, et que je pouvais aller me briser à trois cents pieds de profondeur.

J'eus bientôt atteint et dépassé le rocher qui surplombait, et me trouvai en face du nid ; je criai à mon père de ne plus dérouler de corde, et, accrochant mon bâton aux pointes sur lesquelles reposait le nid lui-même, à force de bras je parvins à franchir les quatre ou cinq pieds qui me séparaient des jeunes vautours, qui, l'un après l'autre, disparurent dans mon sac ; je poussai un cri de victoire auquel répondirent deux accents de terreur, et j'entendis la voix de mon père me criant :

« Prends garde à toi, fils ! voici les vautours !... »

Au moment où, laissant glisser mes mains le long de mon bâton, je reprenais la perpendiculaire, une espèce de nuage passe sur moi, et je me sens frapper à la tête ! Avant que j'aie pu me rendre compte de ce qui se passe, un deuxième, un troisième coup se succèdent ; la corde se tend, je remonte, mais ma tête vient heurter violemment le rocher : c'est en vain que je cherche à éviter les aspérités qui me déchirent ; je tourne plusieurs fois sur moi-même, et le précipice béant sous mes pieds m'attire fatalement et me donne d'horribles éblouissements. Deux ombres implacables me poursuivent, me frappent sans relâche en poussant des cris stridents ; à moitié aveuglé par le sang qui coule de mon front, frissonnant, éperdu, je sens les forces près de m'abandonner ; j'ai pourtant une perception confuse de ce qui se passe ; pendant quelques instants, la corde qui me soutient éprouve des secousses inusitées ; mes mains ont lâché le crochet pour s'y cramponner avec une sorte de frénésie ; je veux crier, ma voix n'émet que des sons faibles et inarticulés ; le nuage funeste repasse sur mes yeux, que je ferme instinctivement ; j'entends une double détonation et les mots :

« Tiens ferme, petit ! ils sont morts !... »

A partir de ce moment, j'ai perdu la mémoire de ce qui s'est passé jusqu'au moment où je me réveillai entre les bras de mon père et de mon oncle, qui tous deux m'inondaient de leurs larmes.

Tout ce que je viens de vous raconter longuement s'était du reste passé en quelques minutes, et doit bien vous prouver que ces oiseaux ont une vue prodigieuse, puisque, perdus dans les hauteurs du ciel, ils avaient pu suivre tous nos mouvements et accourir au moment donné pour défendre leurs.....
Mais silence, écoutez !!!

En effet, les échos de la montagne répétaient des cris retentissants qui se rapprochaient de plus en plus. Nous pûmes bientôt voir de larges ombres se projetant sur les rochers en traçant des cercles de plus en plus petits ; ces ombres prirent un corps et deux vautours s'abattirent à quatre ou cinq pas du mouton, en rebondissant sur leurs larges pieds. Leurs regards, tantôt fixés sur la proie qu'ils convoitaient, tantôt interrogeant l'espace avec inquiétude, nous indiquaient que de nouveaux commensaux étaient en vue. Quelques minutes après, la plate-forme offrait le coup d'œil d'une respectable assemblée de vautours, de corbeaux, choucas et corneilles qui nous étourdissaient de leurs voix discordantes, et dont le cadavre du mouton formait le centre.

Je prolongeais le moment où je ferais feu, car j'étudiais avec intérêt leurs mœurs et leurs habitudes.

L'un des plus grands vautours se mit en marche en se dandinant et posa magistralement sa large serre sur le mouton, en jetant autour de lui un superbe regard ; mais il fut bientôt entouré, poussé, bousculé ; la curée commençait. Je ne pourrais point vous en dire les détails, car je tirai au beau milieu des convives, qui, dans leur fuite précipitée, furent encore salués de deux coups de fusil de mon guide, et laissèrent sur place deux morts et trois blessés.

Il faut avoir le soin de laisser par terre l'animal

tué jusqu'à ce qu'il soit complétement froid ; sans cette précaution, on est exposé à rentrer au logis couvert de petites bêtes, qui font partie de la grande famille des acarus, et qui sont plus nombreuses sur les vautours que sur le corps d'un Arabe. Quand la chaleur vitale a abandonné l'oiseau, les poux, puisqu'il faut les appeler par leur nom, se réunissent en bataillons serrés, sur les grandes plumes rémiges, autour de la tête ; on n'a plus qu'à taper sur les ailes, secouer fortement, et on peut alors l'emporter sans crainte. Vous pouvez m'en croire, le moyen est bon ; du reste, essayez une fois de mettre sur votre dos le vautour que vous viendrez de tuer, et rentrez au logis, vous verrez !!!

DES CHASSES AUX MACREUSES

Il est peu de pays où l'on ne rencontre la macreuse. Dans le Nord, elle est connue sous le nom de *morelle*, *foulque*; dans le Midi, sous celui de *fouqua*, et chacun des étangs qui bordent les côtes de la Méditerranée, depuis Marseille jusqu'à Perpignan, en reçoit un contingent plus ou moins considérable, suivant que les eaux sont basses ou hautes, par conséquent plus ou moins salées, et que les herbes qui en tapissent le fond sont nourrissantes ou étiolées.

Novembre est arrivé, et avec lui les longues nuits, les matinées fraîches, les gelées blanches. Les étangs sont cachés sous un manteau de brume : vite embarquez avant qu'il se dissipe. Si votre fusil est chargé, que les capsules soient renouvelées ; prenez bien garde de chavirer, par un mouvement trop brusque ou maladroit : votre *négafol* (1) est jaloux, et l'eau froide. Placez-vous bien en équilibre, et laissez-vous guider par votre pêcheur : car j'espère, pour vous, que vous savez qu'il ne faut chasser qu'a-

(1) Négafol, en patois languedocien, veut dire noie-fou.

vec un bateau trop petit, et que vous ne vous ferez pas conduire par un valet de ferme ou par un douanier.

Vous doutez-vous de la manière dont nous allons chasser? Non, n'est-ce pas? Eh bien! en attendant l'heure du départ, je vais vous raconter ma première chasse *au rayon :* car c'est ainsi qu'on la nomme, et si votre pêcheur est habile, vous tirerez à bon port, et pourrez faire ce que l'on peut appeler un beau coup de fusil.

C'était en 1839, — je fais un peu comme la *Lisette de Béranger*, je parle de longtemps, — mais l'impression d'une chasse inconnue m'a laissé un vif souvenir que les années n'ont pu effacer.

L'étang d'Escamandre, situé entre Aigues-Mortes et Saint-Gilles, était couvert de canards et de macreuses à peine effrayés par les affuts de nuit, à peine décimés par la *pioutade* et les *cabussières*, — manières de chasser auxquelles nous reviendrons plus tard.

J'avais été invité par le directeur des Quatre-Canaux à aller passer quelques jours auprès de lui et de son fils, tous deux grands chasseurs et hospitaliers comme des Ecossais.

Dès les premières heures de mon arrivée, j'avais parcouru une partie des marais voisins du canal, tiraillant en vain les bécassines qui partaient de tous côtés; vif et impatient, ne tenant un fusil à deux coups dans les mains que depuis peu, je n'avais pas encore appris que, s'il est indispensable d'avoir l'œil et le doigt prompts, trop de hâte et de précipitation ne peuvent qu'être nuisibles. Je rentrai bredouille, et à la veillée je reçus force leçons théoriques, dont la mise en pratique me démontra plus tard la sagesse. Il fut décidé que j'avais besoin d'un professeur, et je fus mis entre les mains de l'un des plus habiles tireurs du pays, Jean Roux, qui, long, sec et maigre, invariablement coiffé d'un bonnet de coton noir, n'avait de pendant possible que l'immense canardière à silex qui faisait partie intégrante de son individu.

Un soir, la brume couvrait marais et étangs ; je pensais tristement à l'impossibilité de tenir l'affût, lorsque la longue silhouette de Jean Roux, lisez Janroux, se dessina à travers le manteau gris du brouillard, et vint droit à moi :

« Mon petit, me dit-il, — et j'avais déjà cinq pieds cinq pouces, — rentrez à la maison, buvez un verre de n'importe quoi de chaud, dormez vite, et à quatre heures debout.

— Mais, Jean Roux, il fait un temps détestable !

— Pour cela, vous verrez.

— Et où allons-nous à quatre heures ?

— Chasser la macreuse au rayon. »

Sans savoir ce que c'était que chasser au rayon, je tressaillis de plaisir et demandai des explications ; mais, comme tous les vrais chasseurs, Jean Roux n'aimait pas les longues phrases, et je ne pus tirer de lui que son éternel refrain : « Pour cela, vous verrez. »

A quatre heures, nous étions en marche le long

de la berge du canal; nous n'apercevions pas le bout de nos fusils, tant la nuit était noire, le temps brumeux, mais parfaitement calme; et le moindre bruissement dans les roseaux, le moindre battement d'ailes se percevait de très loin.

Nous marchions depuis longtemps, et avions contourné une partie de l'étang, l'aube blanchissait, mais rien ne m'annonçait le bienheureux rayon qui m'était promis. Je fis une nouvelle tentative; Jean Roux me saisit silencieusement la main et me montra, perdue dans les roseaux qui couvraient la rive, une toute petite barque, plate, longue et effilée comme une navette de tisserand : nous étions arrivés.

Le brouillard s'élevait avec rapidité et ressemblait à un immense voile de gaze; l'eau prenait une teinte pourprée, le soleil n'allait pas tarder à paraître : aussi nous embarquâmes-nous avec le moins de bruit possible.

Bientôt, un long sillon nous avertit que l'astre se levait radieux, et Jean Roux fit filer la barque en pleine lumière; j'étais ébloui; mais peu à peu mes yeux s'accoutumèrent à cet éclat, et je commençai à distinguer à gauche et à droite des points noirs qui se mouvaient : c'étaient des canards qui, aussitôt que nous les avions dépassés, s'envolaient tout effrayés.

J'allais tirer, quand une moue et un froncement de sourcils formidables de Jean Roux me firent comprendre que l'heure n'était pas venue.

Depuis longtemps, 'entendais un bruit singulier, inouï, ressemblant au sourd murmure d'une nombreuse assemblée ; ce bruit prenait de plus en plus de force, de petits cris secs et aigus se répétaient plus fréquemment ; je sentis mon cœur bondir dans ma poitrine, je comprenais que j'allais arriver au beau milieu des bandes de macreuses.

Nous étions dans le rayon !!!

Nous étions entièrement invisibles... Nous seuls pouvions distinguer tout autour de nous ; le bruit seul de notre marche pouvait nous trahir ; mais Jean Roux faisait glisser notre barque comme doit glisser tout fantôme qui connaît son métier, un sourire de triomphe illuminait sa figure, sa haute taille se courbait. Nous avancions plus lentement, et bientôt une longue ligne noire se dessina à notre droite et à notre gauche, à environ cent pas : c'é- taient les macreuses !!!

Le sillage de notre barque devint plus rapide, et pourtant Jean, allongé maintenant de tout son long, ne manœuvrait la gaffe que d'une seule main ; la distance diminuait à vue d'œil, et pas un mouve- ment d'inquiétude ne se manifestait dans la troupe innombrable qui noircissait l'eau devant nous. Quelques macreuses s'enlevaient isolément en poussant leur cri guttural : *Tep ! tep !...* d'autres, secouant leurs ailes encore humides de la rosée de la nuit, s'étiraient ensuite paresseusement et lissaient leur duvet soyeux ; le plus grand nombre caquetait, l'une des jambes étendue en arrière et tout à fait hors de l'eau.

Le moment solennel était venu : nous étions à dix pas de la première bande, que je dois estimer au moins à six ou sept mille.

La gaffe ne faisait plus de mouvement et nageait à l'arrière, attachée par une petite ficelle ; Jean avait ramené ses jambes sous lui et allongeait la main vers son fusil ; j'attendais le signal, et les secondes me paraissaient des siècles.

Attention et l'œil ouvert, le fusil prêt à faire feu !!!

Jean, sans se retourner, me fait un signe expressif en remuant la tête de haut en bas par deux fois saccadées ; la mèche de son bonnet de coton n'avait pas repris sa verticale, qu'ajustant au plus épais des groupes, j'appuie sur les deux gâchettes à court intervalle, et mes deux explosions sont couvertes par le brouhaha indescriptible qui se fait autour de nous. Tous les oiseaux, frappant d'un même coup la surface de l'eau avec leurs ailes, font vibrer l'air avec un bruit semblable à celui du tonnerre lointain.

Je n'avais pas eu le temps de me rendre bien compte de ce qui venait de se passer, que Jean, se relevant sur les genoux, épaule sa longue canardière, vise un instant perpendiculairement ; le coup part, pareil à la détonation d'un fusil de rempart : la barque chancelle, tremble dans toute sa membrure, et frémit de l'horrible éruption dont l'effet se traduit par une pluie de bipèdes dont plusieurs vinrent tomber dans la barque ou à portée de la main.

La chasse était faite; restait à ramasser notre gibier.

Tout compte fait, trente-cinq macreuses et trois canards gisaient dans la barque, tués raides. Pendant plus de deux heures, nous parcourûmes l'étang à la poursuite des blessés, des ailes cassées; et ce ne fut pas petite affaire, car la macreuse plonge avec autant d'habileté que le grèbe ou le petit plongeon. Nous fûmes pourtant récompensés, car en rentrant pour déjeuner, nous avions plus de cinquante pièces.

Saint Hubert fasse que vous en ayez autant. Le soleil va se lever, suivez bien le milieu du rayon qu'il projette sur l'eau, semblable à un long ruisseau d'or en fusion; ne faites pas de bruit, ne parlez pas, la surface de l'eau répercute la voix à de fort grandes distances; surtout ne laissez rien tomber dans le bateau.

Vous auriez peut-être bien fait de prendre deux fusils : c'est ce que j'ai fait plus tard, et je m'en suis bien trouvé; vous tirez les deux premiers coups au milieu des têtes rassemblées en groupe le plus compacte, et des deux autres, vous faites encore un joli coup double au vol.

LA CABUSSIÈRE

—

Le verbe *cabussa* signifie, en patois languedo-cien : *plonger ;* le substantif *cabussieira* veut donc dire littéralement : *plongeuse.*

Ceci n'est point une chasse, c'est un guet-apens : vous n'avouerez jamais que pendant la nuit vous avez été panneauter des perdreaux, si vous avez ce crime de lèse-chasse sur la conscience : eh bien, la cabussière est un de ces engins destructeurs qui doivent soulever l'indignation de tout franc disciple de saint Hubert. Il est pourtant une idée consolante, c'est que les filets de cabussière ne sont pas em-ployés généralement par les chasseurs, mais bien par les fermiers des étangs, qui, ayant loué chasse et pêche, cherchent à en tirer le plus grand parti possible.

Pour mettre mon amour-propre de chasseur en repos, j'ai dû exhaler une bonne part de mépris, mais comme à tout prendre *cette pêche* aux oiseaux plongeurs est curieuse et amusante, je vais vous la raconter, libre à vous de ne pas la faire, si vous êtes par trop rigide sportman ; du moins, sachez com-ment on opère.

Les filets, à mailles de quatre centimètres carrés,

ont généralement de trente à quarante pas de longueur, sur quinze à vingt de largeur ; suivant l'endroit qui doit être couvert, on peut ajouter de nouvelles pièces que l'on réunit par une ficelle passée alternativement dans les mailles des bords. Avant de tendre, on étudie avec soin les endroits des étangs les plus fréquentés par les canards et les macreuses. Le fond doit être bien garni de coquillages et de la plante marine appelée gratte dans le pays, et que le bouï (canard pilet) est obligé d'aller chercher en plongeant.

Ceci trouvé, vous partez vers le soir dans votre barque, emportant quatre barres de bois de trois à quatre mètres de long et une douzaine de perches à crochet dont la longueur est calculée d'après la profondeur de l'eau et de la vase, afin que le filet puisse être maintenu sous l'eau ; ce dernier doit être monté, sur les quatre côtés, sur une ficelle de la grosseur d'un tuyau de plume. Quand vous êtes arrivé sur les lieux choisis, vous plantez dans la vase, et solidement, deux de vos grandes barres en maintenant entre elles une distance de quelques centimètres de plus que la largeur du filet, que vous attachez à environ cinquante centimètres sous l'eau ; vous le déployez petit à petit, puis vous plantez les deux dernières barres à la même distance, vous y attachez les bouts du filet : vous avez formé un grand parallélogramme, que vous maintenez bien horizontalement à l'aide des perches à crochet que vous fixez sur les bords de distance en distance, et tout est préparé ; il n'y a plus qu'à s'en aller et attendre que la nuit soit écoulée.

Si la chasse de l'étang est affermée, il est défendu de tendre des filets, de tirer des coups de fusil ; mais, moyennant rétribution, vous vous entendrez facilement avec le concessionnaire et vous n'en aurez que plus de chance ; il est donc probable que vous serez content de votre matinée ; vous arriverez quand bon vous semblera, en vrai paresseux, et quand vous êtes à quelques brasses de vos tendues, vous devez déjà apercevoir sous l'eau limpide le blanc argenté du ventre de quelques canards : soulevez les filets et ramassez les victimes, pauvres oiseaux ignoblement noyés et dont les têtes prises dans les mailles n'ont pu se dégager.

Comme le bouï, la macreuse se prend aussi à la cabussière, soit au moment où elle plonge, soit au moment où elle se relève.

Toutes les fois que j'ai assisté, *en curieux*, à la levée des filets, j'ai gémi en voyant le nombre considérable de canards et de macreuses morts ainsi misérablement. Je suis sûr que vous êtes de mon avis et que votre cœur de chasseur se serre en pensant à tant de beaux coups de fusil perdus.

LA TRUITE

—

La truite est si connue, les régions qu'elle habite
sont si nombreuses et sous des latitudes si diverses,
qu'on peut la considérer comme cosmopolite ; mais
ses qualités, sa grosseur, varient suivant le climat,
la fraîcheur et la rapidité des eaux qui descendent
des montagnes, ou la profondeur et le calme des
grands fleuves et des lacs des basses terres.

Un gourmet, un fin connaisseur, préfère la truite
des torrents et des lacs glacés des hautes régions,
quoique sa taille dépasse rarement quinze ou vingt
centimètres ; je n'ai pas à discuter son mérite intrin-
sèque, et j'ai toujours trouvé ce poisson fort agréable
au goût, qu'il eût été pêché dans un lac, à des centaines de mètres au-dessus du niveau de la mer,
comme dans celui de Gaube, près de Cauteretz, ou
au-dessus du niveau de ladite mer, comme dans
les canaux de la Frise et du Nort Holland.

La manière de s'en emparer varie à l'infini ;
chaque pays a ses méthodes, ses habitudes, ses
routines ; et ne médisons pas de ce mot *routine* :

dans certaines occasions, innover, c'est manquer le but.

Dans le midi de la France, on emploie six ou sept moyens ; comme j'ai essayé de tous, libre à vous si vous ne voulez pas en faire autant, de choisir dans le nombre.

A l'époque du frai, les truites se tiennent le long des berges, à fleur d'eau, principalement aux endroits où l'ombre des arbres, des buissons ou des rochers se projette ; il en est de même au temps des grandes chaleurs : mais alors elles préfèrent le milieu des rivières aux endroits où l'eau est calme et profonde.

C'est le moment de les tirer au fusil ; c'est facile, mais il faut pourtant prendre certaines précautions : chargez avec du plomb numéro 6 ou numéro 7. Ayez en outre une épuisette emmanchée à un gros bâton de deux ou trois mètres de long : car il arrive fréquemment que le coup de fusil crevant la vessie natatoire, le poisson coule à fond et reste sur le sable, le ventre en l'air.

Vous voilà armé, il faudra choisir un temps parfaitement calme ; s'il fait du vent, la truite se tient entre deux eaux, et les petites vagues qui se succèdent empêchent de rien distinguer ; mais le temps est beau, les feuilles des arbres sont immobiles : il faut marcher avec précaution, éviter de vous laisser apercevoir ; le son de la voix n'arrive pas sous l'eau, mais le moindre choc sur les cailloux ou la terre retentit profondément, et la truite s'enfuit, rapide comme un trait.

Approchez-vous doucement ; regardez sous ces branches qui surplombent, une truite flotte immobile ; ses nageoires et sa queue s'agitent d'un mouvement imperceptible et lent ; examinez bien à quelle profondeur elle se trouve ; il est très important de s'en rendre bien compte, puisque vous devez modifier votre tir suivant l'épaisseur de la couche d'eau.

Je ne vous ferai pas l'injure de vous demander pourquoi. Si vous vous avouez à vous-même que vous l'ignorez, je vous répondrai : Si, vous le savez, mais vous ne vous le rappelez plus. Plongez un bâton dans l'eau, il vous paraîtra cassé : le bout plongé n'est plus dans la perpendiculaire. N'est-ce pas, maintenant, que vous vous souvenez ?

Eh bien ! si la truite est tout à fait sur l'eau, la nageoire dorsale sortie, tirez directement sur la tête, vous ne pouvez pas la manquer, elle est bien là où vous la voyez.

Mais si elle est sous cinq ou six centimètres d'eau, il faut viser quatre ou cinq centimètres en avant, c'est-à-dire que le coup frappe entre elle et vous, qu'elle se présente perpendiculairement ou horizontalement ; mais, plus la profondeur est grande, moins le résultat est certain ; au-delà de dix centimètres, ne tirez pas, ce serait un coup perdu, et proportionnez toujours la distance où vous visez avec la profondeur présumée.

Dans le Jura, j'ai vu une belle châtelaine exceller

dans ce genre de tir, armée d'un léger fusil à un coup, provenant des fabriques de Saint-Etienne, et accompagnée tantôt de l'un de nous, tantôt d'un domestique portant l'épuisette ; elle employait fort agréablement, et surtout fort heureusement, les heures quelquefois un peu longues qui précèdent celle de la toilette d'une jolie femme.

Autant cette manière de chasser la truite est agréable et facile, autant il est fatigant de la prendre d'après la méthode suivie dans quelques-uns de nos cantons des Pyrénées.

Il faut être deux : l'un porte une lourde masse en fer, dont le manche est en bois de frêne ; l'autre porte un levier en fer et le sac, ou la petite corbeille qui doit renfermer le produit de la pêche.

Les pantalons étant relevés sur la cuisse aussi haut que possible, on entre dans l'eau, que l'on remonte à contre-courant. Les grandes roches qui pointent de tous côtés, et qui sont profondément enfoncées ou font partie intégrante du sol, doivent être négligées ; mais si un gros caillou ou un morceau de granit paraît offrir quelque ouverture ; si, placé au plus fort du courant, il offre assez de résistance pour le rompre, on s'approche avec précaution : celui qui porte la masse la soulève et frappe à tour de bras ; le levier joue à son tour, retourne la pierre, et s'il y a de la truite, elle se laisse prendre à la main ; la percussion l'a étourdie et lui a enlevé la force de fuir.

Quand la rivière ou le ruisseau est poissonneux, cette méthode est excellente et donne de très bons résultats ; mais la distraction ou le gain est acheté un peu cher et au prix d'une grande fatigue.

Dans le département de l'Hérault, à Florensac, à Ganges et au-dessus, jusqu'au Vigan, les jeunes gens, pendant l'été, s'amusent à pêcher la truite à la main, mais en plongeant. Ils explorent ainsi le dessous des roches, les trous des berges, les racines des arbres ; mais c'est un plaisir dangereux et qui, tous les ans, fait quelque victime : on se noie très bien à ce métier-là, et j'ai assisté à un de ces affreux accidents. Le fils d'un meunier, réputé comme un des plus hardis plongeurs, a trouvé la mort en se brisant le crâne sur une pointe de rocher.

Nous étions conviés à assister à une partie de pêche : lignes et filets avaient été préparés ; mais dans le programme était comprise ce que l'on appelle dans le pays *una cabussada* (un plongeon). Déjà, à trois reprises, le jeune meunier avait disparu sous l'eau, et deux fois il avait rapporté dans ses dents une truite dont il avait brisé la tête. Animé par nos éloges, il s'élance une quatrième fois du haut d'un rocher.... Quelques instants après, l'eau se teignait d'une large tache de sang, et le corps de l'infortuné remontait inanimé.

La truite possède une force de propulsion prodigieuse ; elle remonte les courants les plus impétueux, les chutes d'eau les plus rapides, mais à la condition d'avoir un premier point d'appui : si elle n'a pas bien calculé son élan, elle fait un bond en avant; si elle n'atteint pas le but et qu'elle retombe, elle recommence, et il est rare qu'elle n'arrive pas à ses fins.

En nageur habile, elle fait par instinct ce que l'homme fait par le raisonnement; ce n'est point le milieu du courant ou de la chute qu'elle choisit, mais bien les bords, où l'eau a moins de volume et offre moins de résistance.

Se fondant sur cette observation, les riverains des gaves et rivières des Pyrénées, partout où il y a des digues ou des prises d'eau pour alimenter les usines ou les moulins, placent de chaque côté de larges hottes dont le fond est garni d'un fagot d'épines.

La truite bondit, s'élance; mais, si elle a mal pris ses mesures, sa maladresse peut lui coûter cher. La hotte est là, béante, et le fagot d'épines paralyse tous ses efforts pour en sortir.

Pour être dans de bonnes conditions de réussite, il faut que la hotte ne soit pas placée trop loin de l'extrémité de la digue ou levée, et que l'eau y tombe, non en cascade torrentielle, mais en nappe ou en larges filets. Une forte pierre, placée dans le fond et sous le fagot d'épines, la maintient en place et l'empêche de céder au courant.

Il est rare de passer vingt-quatre heures sans rien prendre, à moins que les eaux n'aient été dépeuplées par les pêcheurs à l'épervier ou la maudite invention de la *coque*.

La coque est aux poissons ce que le hatchich est aux Orientaux, l'opium aux Chinois, le petit bleu aux Parisiens, les jeunes bourgeons aux chevreuils; heureusement on ne peut pas s'en servir dans les eaux courantes, le principe malfaisant étant rapidement entraîné; et des arrêtés préfectoraux protégent les eaux dormantes et menacent de la prison quiconque s'en servira.

Il existe une graine des Indes appelée aussi coque; mais les paysans du Midi ne se servent que de certaines plantes.

Comme je ne veux pas vous exposer même à la pensée de l'expérimenter, je ne vous dirai pas avec quoi on la prépare; mais je puis sans inconvénient vous en raconter les effets.

Je fus invité à passer quelques jours chez un riche propriétaire originaire du département de l'Allier et récemment établi dans les Pyrénées. Les deux premiers jours se passèrent à chasser, et il fut convenu que le troisième serait consacré à la pêche.

Je n'avais pas pris de ligne volante, et demandai à mon amphitryon s'il en avait.

— Des lignes! pourquoi faire?

La réponse me parut si naïve, que je souris malgré moi.

— Vous riez, me dit-il; mais nous n'allons pêcher ni à la ligne ni aux filets; nous avons de la coque.

— Ah! tant mieux! (J'ignorais complétement ce que c'était que la coque.)

— Oui ; Baptiste la prépare, et après déjeuner nous nous en servirons.

Après déjeuner, en effet, nous trouvâmes mons Baptiste portant un grand chaudron rempli d'une fort vilaine bouillie : une pioche, des pelles et des râteaux nous étaient destinés, et nous partîmes munis de ces singuliers engins de pêche.

Au milieu de prairies accidentées, et bordées d'aunes et de peupliers, coulait un charmant ruisseau dont l'onde transparente tombait ici en cascade, là se reposait dans des bassins naturels, pour couler ensuite avec plus de turbulence jusqu'à la rivière d'Aude.

Sur ces bassins, appelés *gours* en patois, les arbres se penchaient, et leurs racines enchevêtrées formaient avec des rochers surplombants des retraites inattaquables, où la truite, le barbeau et l'anguille bravaient impunément lignes volantes, seines et éperviers ; l'eau était si calme, le courant si insensible, que les feuilles tombées des arbres paraissaient rester immobiles ; ces gours allaient devenir le théâtre de scènes multiples d'empoisonnement.

— Nous voici rendus, mon cher monsieur ; allons, habit bas, construisons en dessus du gour un bâtardeau, il faut détourner l'eau vers les prairies, et puis, vive la coque, les poissons sont à nous !

Maintenant, je comprenais ; cette manière de pêcher ne me convenait pas beaucoup, et le métier de terrassier encore moins ; mais je fis bonne contenance et travaillai au batardeau. Tout en coupant et empilant des mottes de gazon, mon hôte faisait des calembours, et était si joyeux que sa gaieté finit par être contagieuse, et nous mîmes tant d'ardeur à l'ouvrage, qu'en très peu de temps le ruisseau ne déversa plus un seul filet d'eau dans le gour.

— A présent, à toi le chaudron, Baptiste, à vous le râteau, à moi celui-ci, et attendons au port d'armes.

— Ah sapristi ! Baptiste !

— Monsieur ?

— Et le garde champêtre, s'il nous pince !

Je dressai l'oreille ; qu'avait à voir ce digne représentant de la force publique dans une partie de pêche et sur des terres appartenant à un propriétaire ?

— Il n'y a pas de danger, Monsieur, repartit Baptiste ; il est parti ce matin pour Chalabre, à la justice de paix.

Je demandai des explications, et, pendant qu'elles m'étaient données, Baptiste avait vidé son chaudron dans le gour, et remuait l'eau à l'aide de son râteau. Connaissant le danger que présentait la partie que nous jouions, mais n'osant pas m'esquiver, j'attendis le résultat.

Au bout de vingt minutes, la coque commença à produire ses effets : à travers l'eau transparente, on voyait distinctement des poissons aller, venir, tournoyer éperdument.

— Les voyez-vous ! les voyez-vous, les farceurs ! s'en donnent-ils de valser ?

Le fait est que c'était amusant. Bientôt les élans furent moins rapides, des lames d'argent brillèrent çà et là, quelques poissons montèrent à la surface, puis plongèrent, remontèrent encore, et finirent par flotter le ventre en l'air.

Nous les attendions avec les râteaux, et les placions dans le chaudron rempli d'eau bien fraîche. Nous n'avions pris jusque-là que des truites, et, dans le nombre, il y en avait qui devaient peser plus d'un demi-kilo ; mais quelques minutes plus tard, les barbeaux vinrent à leur tour prendre place dans le chaudron. L'eau fut renouvelée, et au bout d'un quart d'heure tous les poissons étaient revenus de leur ivresse. Après avoir détruit le batardeau, nous rentrions à la maison sans malencontre.

Je ne vous parlerai pas des autres façons de pêcher les truites, tout le monde l'a fait, l'a vu faire, ou l'a entendu raconter ; seulement, en lançant l'épervier, tâchez de ne pas tomber le nez dans la rivière, et en fouettant avec la ligne volante, prenez garde à vos oreilles : un hameçon y entre facilement, mais n'en sort pas de même.

CHASSE AUX OISEAUX A L'AIDE DE LA CHOUETTE

Tout le monde sait que la chouette est un oiseau nocturne, et que, si, par hasard ou par accident, elle se montre pendant le jour, tous les oiseaux, grands et petits, accourent à tire-d'aile, l'entourent, la poursuivent, la maltraitent, poussent des cris étourdissants ; se perchent si elle se perche, s'envolent avec elle, et ne l'abandonnent que lorsqu'elle a pu trouver un refuge, soit dans un vieux tronc d'arbre, soit dans une fente de rocher, dans un clocher ou une habitation.

Cette haine vivace, cet antagonisme incessant, n'ont pas été seulement reconnus dans un seul pays, mais partout où il y a des chouettes et des oiseaux.

Le chasseur est presque toujours observateur, fait de l'histoire naturelle, souvent comme le personnage de Molière faisait de la prose, sans s'en douter ; ses études de mœurs ne reposent sur aucune théorie, mais se basent sur des faits ; il en tire les conséquences les plus logiques ; il s'est dit :

« Les oiseaux sifflent, chantent, gazouillent gaiement, picotent et becquètent graines et insectes, et voilà que tout à coup ces chants d'allégresse se changent en cris de colère et de fureur ; ces petits becs, si inoffensifs d'ordinaire, s'aiguisent, s'entr'ouvrent d'un air menaçant ; le calme, la joie, sont brusquement remplacés par le bruit et la tempête, et tout cela parce qu'une laide chouette, à moitié aveuglée par les rayons du soleil, battant l'air gauchement de ses ailes rondes et silencieuses, a quitté malencontreusement l'asile reculé où elle aurait dû attendre l'heure à laquelle tout ce qu'il y a de beau dans la nature s'effaçant dans l'ombre, il lui était permis de se montrer.

« Si les oiseaux poursuivent la chouette, c'est qu'ils ne l'aiment pas ; moi, en revanche, je ne déteste pas les petits oiseaux... rôtis ; donc, en leur présentant une chouette pendant le jour, ils accourront, c'est l'essentiel, et je trouverai certes bien un moyen de les prendre. »

Par suite d'un raisonnement aussi profond que ceux de feu M. de la Palisse (qui valait mieux que sa réputation), la chouette devenait la pierre fondamentale d'un genre de sport qui remonte à la plus haute antiquité. Il ne fallait plus que chercher les engins de chasse, et l'homme est un destructeur trop habile pour avoir tâtonné longtemps.

Les lacets, la glu, les filets, les pinces, ont bientôt été mis en réquisition, et les oiseaux doivent souvent s'être repentis de n'avoir pas su cacher leur haine ; du reste, maintenant qu'elle est connue de tous, il serait trop tard pour la déguiser : aussi continuent-ils comme par le passé, et sans que le temps ait pu en rien modifier leur ressentiment.

Je me suis en vain efforcé de soulever le voile qui cache cette éternelle *vendetta*. Quelle atrocité a donc pu autrefois commettre une chouette, pour que pareille animadversion retombe sur les arrière-petits-fils des fils de ses petits-fils?

Tous les oiseaux nocturnes, grands et petits-ducs, orfraies, hiboux, scops, chouettes, qu'ils soient jaunes, bruns, fauves, blancs ou gris, sont enveloppés dans cette universelle réprobation; mais tous n'attirent pas également la gent emplumée à petite distance : tout en se laissant emporter par la passion, l'oiseau diurne conserve un fonds de prudence; il approche hardiment de la petite chouette grise, mais se contente d'insulter les autres de loin. Il faut donc chercher à s'en procurer une, et ce n'est pas une grande difficulté à vaincre. Que ce soit un mâle ou une femelle, peu importe; la taille seule diffère, la femelle étant un peu plus grande; mais l'un et l'autre servent utilement.

Leur nourriture est des plus simples : il suffit d'un peu de viande crue ou cuite, coupée en petits morceaux, et les grands jours de gala, un petit oiseau avec ses plumes, une souris avec sa fourrure et sa queue. Les mauvaises digestions sont inconnues à la chouette : os, plumes ou poils, ne séjourneront dans son estomac que le temps strictement nécessaire pour s'y former en boulette que vous retrouverez dans un coin de la cage.

Elle peut supporter stoïquement la faim et la soif.

J'en avais une dans une petite chambre, à la campagne, à Saint-Félix-Despaillères, dans le Gard ; pendant un déplacement de chasse, ce ne fut qu'après quatre jours que je m'aperçus que j'avais emporté la cle. de son réduit ; je ne revins que la semaine d'après, croyant fermement la trouver morte, mais point : elle était tranquillement perchée et me faisait les révérences les plus gracieuses.

Je ne sais si, en liberté, elles sont aussi bien élevées, mais, dans la captivité, je les ai toujours trouvées, et pour tout le monde, d'une politesse excessive. Dans cette occasion, où tous les torts étaient de mon côté, je fus sensible à son peu de rancune, à ses prévenances, et je réparai de mon mieux un oubli qui pouvait lui devenir si fatal.

Pour réussir dans cette chasse, la première condition est d'être parfaitement caché ; la seconde, de pouvoir souvent changer de place ; la troisième, de savoir choisir les endroits.

Si vous le voulez bien, en très peu de temps vous deviendrez d'une habileté de professeur ; mais tout n'est pas rose dans le métier, et j'ai connu des chasseurs, fatigués de porter leur cabane, en arriver à envier le sort des colimaçons, qui transportent si facilement toute une maison.

Ce qu'il faut éviter surtout, ce sont les accessoires : si vous m'en croyez, tenez-vous-en au strict nécessaire, qui est déjà bien assez embarrassant.

Ce nécessaire se compose :

D'une cabane portative, d'une chouette, de deux

pinces, d'une palette-perchoir pour la chouette, d'un sac et d'un couteau ou serpette.

Les seuls accessoires que je vous conseille sont : un petit siége, et, si vous y tenez, une petite cage pour garder des oiseaux en vie si vous avez une volière.

La cabane doit être solide et en même temps légère, souple, et vous rendre invisible.

Il faut calculer sa largeur et sa hauteur, non d'après vos aises, mais d'après votre taille et vos forces.

Rien ne ressemble plus à une cabane à chouette que les ridicules et inévitables jupons-cerceaux de nos élégantes d'aujourd'hui.

J'ai essayé du gros fil de fer, mais les rameaux ou les fougères glissent et laissent des jours ; ce qu'il y a de mieux, c'est le bois, et voici comment on doit procéder :

On coupe deux longues pousses de noisetier, châtaignier ou frêne, de la grosseur du pouce ; c'est à vous de calculer leur longueur double, suivant la hauteur que vous voulez donner à votre cabane, qui, règle générale, étant posée sur votre tête comme une cloche sur un melon, soit dit sans vous offenser, ne doit pas dépasser les genoux.

Ces branches doivent être, autant que possible, sans nœuds ; pour qu'elles soient faciles à ployer et pour augmenter leur élasticité, il est bon de les passer au four ou dans un feu bien clair.

Pour compléter la carcasse, il faut quatre cerceaux : deux grands, suivant le périmètre de la hutte ; un moyen et un petit. Les vieux cercles de tonneau, secs, légers et résistants, sont préférables à tout.

Evitez de faire entrer la corde ou la ficelle dans votre construction. Vous avez cru lier solidement vos cerceaux à vos montants, et quelques heures après, vous êtes tout étonné de voir votre cabane affecter les airs penchés et la triste désinvolture de certains chapeaux Gibus blessés à mort ou éreintés par un long service. Donnez la préférence au fil de fer, que vous ferez bien recuire, c'est-à-dire que vous ferez rougir au feu jusqu'au rouge-cerise, et que vous laisserez refroidir à l'air, lentement, et sans le plonger dans l'eau, qui lui donnerait des propriétés cassantes.

Il s'agit maintenant d'assembler et de consolider les matériaux.

Commencez par les baguettes de noisetier, que vous liez en croix par quatre tours de fil de fer, et surtout ayez soin de laisser en dehors la spirale formée par les deux bouts du fil ; sans cela, vous risqueriez de vous blesser en transportant votre hutte. Cela fait, vous placez par terre l'un de vos grands cercles, dans lequel vous faites entrer les quatre bouts de vos montants, que vous ployez successivement et avec précaution ; vous les liez à angle droit, solidement, et pour qu'ils ne glissent pas à gauche ou à droite, vous faites avec votre couteau une légère encoche au cerceau, de manière à maintenir le fil de fer.

Le second cercle doit être extérieur, à quelques centimètres au-dessus de celui qui forme la base; la hauteur à laquelle il sera fixé dépendra de la longueur de vos bras : car c'est lui qui servira à enlever et transporter l'édifice. S'il est trop haut, vos bras, pendant le transport, se fatigueront par suite de la position pliée de la saignée; s'il est trop bas, le poids de la cabane n'étant plus également réparti, elle ballottera au-dessus de votre tête et vous forcera à des miracles d'équilibre.

Quant aux deux autres cercles, peu importe leur place; ils ne servent dans le haut qu'au maintien et à la solidité du tout.

La carcasse est terminée; pour l'essayer, placez vos deux mains sur le deuxième cercle, voyez si vos bras ne sont pas gênés, et si en la transportant elle est dans de bonnes conditions de stabilité; si tout est bien, recouvrez-la avec des branches légères et bien feuillues : de la fougère, de la bruyère, etc., etc.; toutes les petites branches, brindilles ou queues qui pourraient extérieurement présenter un perchoir aux oiseaux, doivent être soigneusement rentrées ou coupées, et dès lors votre hutte est parfaite.

Les pinces sont composées de deux morceaux de bois de noyer, l'un creux, l'autre rond, s'emboîtant exactement l'un dans l'autre, et affectant la forme d'un fer à friser, seulement allant en s'amincissant par l'un des bouts ; le côté opposé est fixé dans un manche, et l'instrument est long de soixante à soixante-dix centimètres.

Un cordonnet rond en soie passe dans des trous pratiqués dans les bras, comme un lacet de corset passe dans les œillets, et vient s'attacher à un morceau de bois jouant sur un axe, dans une rainure de deux centimètres de profondeur pratiquée dans le manche et servant de détente. Tant que cette dé-tente n'est pas pressée, les deux bras restent ouverts ; mais dès qu'il est sollicité par les doigts, le levier, agissant de haut en bas, tend le cordonnet, la pince se referme vivement, saisissant fermement les pattes de l'oiseau qui est venu s'y reposer imprudemment.

Pour vos pinces, vous ferez bien de les acheter toutes faites : vous reconnaîtrez qu'elles sont bonnes quand, en les refermant sur un morceau de papier, vous aurez quelque difficulté à le retirer.

La palette pour poser la chouette est très simple à établir : vous lui donnez la forme d'une petite raquette pour jouer au volant. Qu'elle soit faite en osier ou en fil de fer, vous la recouvrez d'une forte toile cousue en double ; au milieu de la toile vous faites percer un œillet qui doit laisser passer une petite lanière de cuir fixée par un nœud en dessus et en dessous. Le manche de la raquette entre dans le bout d'un roseau, qui doit avoir deux mètres vingt ou deux mètres trente de long.

A la patte droite de la chouette vous cousez un

bracelet en cuir auquel est attaché un petit anneau dans lequel vous passez la lanière de la raquette, et l'oiseau ne peut plus s'envoler, tout en conservant la liberté de ses ailes. Ses ongles aigus pénètrent facilement la toile, et, quel que soit le mouvement qu'on lui imprime, il reste fermement à son poste.

Pour vous asseoir, comme il serait fort incommode de transporter une chaise, un banc, voire même un pliant, faites comme les bouviers suisses de la vallée de Gruyère : que votre siége devienne partie intégrante de votre individu. Un rond de bois avec un pied planté au milieu, le tout attaché et maintenu autour de vos reins par une courroie, vous donnera un faux air de nègre abyssinien orné de son appendice caudal ; mais cela vaut encore mieux que de s'asseoir sur les chardons ou les ronces, ou de risquer, en vous accroupissant sous la hutte, d'avoir les pieds placés plus haut que votre coussin naturel, et de faire la culbute : je vous signale cet inconvénient.

J'ai vu l'un de mes amis puni pour avoir méprisé mes conseils.

Nous étions en chasse chacun dans notre hutte ; les oiseaux foisonnaient, les motteuxou culs-blancs des champs sautillaient dans un pré très en pente. Tandis que je restai au pied, il voulut planter son camp sur la croupe inclinée de la colline. Avant de m'être installé, j'entendis un juron énergique, et je vis rouler, du haut des champs, hutte, chouette et chasseur. Il faut dire, à la louange de ce dernier, que la leçon lui servit, et que, le lendemain, quand nous partîmes pour la chasse, sa blouse de coutil était fièrement relevée par derrière ; le bâton de son siége remplaçait pittoresquement l'épée de don César de Bazan.

Quand la chouette n'a point encore chassé, il faut l'habituer à se tenir sur sa palette : sans cette précaution, dès qu'elle est attachée, elle cherche à s'envoler ; mais, fortement retenue, elle demeure suspendue la tête en bas, et risque de se casser la jambe. Quand elle a fait deux ou trois vaines tentatives et compris l'inutilité de ses efforts, elle demeure parfaitement tranquille ; dès que vous soulevez le manche de la palette, et qu'elle sent qu'elle va perdre l'équilibre, ses ongles se cramponnent à la toile, elle bat des ailes pour maintenir son aplomb : dès lors son éducation est complète.

Nos chasseurs du Midi nomment la chouette non éduquée *un tchott ;* mais dès qu'elle a fini ses études, conquis ses grades, elle devient *machotta,* peut entrer en campagne, et gagner par ses services un bâton... de maréchal et ses droits à la retraite.

Pour être commodément sous la cabane, le costume et surtout la coiffure ne sont point indifférents. Evitez les vêtements étroits ; ayez une blouse ou une vareuse, des pantalons assez larges pour que vous puissiez replier vos jambes sans gêne ; n'ayez de chapeau ni à haute forme, ni à larges bords, mais bien une casquette, un bonnet écossais, voire même un casque, mais à mèche.

Avant de partir, il faut que tout soit parfaitement
en règle dans l'intérieur de la cabane. Regardez si
tout est bien couvert par la ramée, et s'il est impossible que vous soyez vu de l'extérieur. Sur votre
droite et à la hauteur de votre genou, pratiquez un
trou par lequel le bout du roseau opposé à celui où
est attachée la raquette doit pénétrer dans la cabane; puis en face de vos yeux laissez aussi une
ouverture pour la pince, qui sortira tout entière,
sauf le manche et la détente. Suspendez la seconde
pince de rechange à côté de votre sac. Si vous em-
portez une cage pour les oiseaux en vie, vous la
suspendez extérieurement, et ce n'est que lorsque
vous serez installé sur le lieu de la chasse que vous
la rentrerez; sans cela elle vous gênerait fort pendant la marche.

Il faut faire quelques essais avant de savoir ma-
nœuvrer convenablement. Asseyez-vous dans la cabane, la poignée de la pince à la hauteur de l'œil,
le bout du roseau de la palette passé sous votre genou droit et maintenu à peu près à un mètre de
terre; quand vous voulez que la chouette batte des
ailes, avec la main droite vous abaissez le roseau,
jusqu'à ce que, le haut où est la palette se trouvant
presque perpendiculaire, l'oiseau, perdant l'équilibre, soit obligé de voler pour rester en place : c'est
ce mouvement des ailes qui attire l'attention des oiseaux et les fait accourir. Dès que vous l'avez ainsi
maintenu quelques instants en l'air, vous relevez
vivement la main droite jusqu'à ce que la palette

repose sur la terre, où vous la laissez. Attention alors à votre pince. Les oiseaux s'appellent, voltigent déjà de tous les côtés, cherchent une branche pour se poser : la pince est là. Vous tenez le manche sur la paume de la main gauche, et le maintenez avec le pouce ; les quatre doigts reposent sur la détente ; si un oiseau se pose sur les bras, vous serrez vivement, la pince se ferme, et l'oiseau est pris par les pattes. Retirez à vous la pince toujours fermée, prenez l'oiseau avec la main droite. Si vous voulez le garder en vie, mettez-le dans la cage ; sinon, avec le pouce pressez fortement sur le sternum ou la tête, et l'oiseau est mort. Remettez de suite la pince en place.

Que tous ces mouvements soient faits rapidement, mais sans précipitation : il vaut mieux manquer un oiseau que de risquer de les faire tous déguerpir.

Il ne faut pas vous attendre à prendre toutes sortes d'oiseaux. Les becs fins, tels que rouges-gorges, queues-rousses, becque-figues, culs-blancs ou motteux, grassets, pipis, fauvettes, rossignols, accourront à l'envi l'un de l'autre ; mais la plupart des autres ne se laisseront saisir que par hasard : non qu'ils ne soient pas attirés par la chouette, mais les uns se poseront par terre, les autres sur les joncs, les chardons, buissons ou bruyères qui seront près de vous.

Ne vous désespérez pas, puisque vous êtes averti d'avance, et si le sort vous favorise, que vous attrapiez un merle, une grive, vous n'en serez que plus joyeux. Ce dont il faut à tout jamais faire votre deuil, chasseriez-vous cent ans (ce que je vous souhaite), c'est la capture d'un moineau franc. Ces affreux pierrots ne sont certes pas un gibier de haut goût, mais il est agaçant de les voir se rire de tous les piéges : voilà l'un des nombreux résultats de la civilisation, la méfiance !

Choisissez pour votre terrain de chasse les endroits bien découverts : plus l'espace est grand, moins il est planté d'arbres, d'arbustes et de buissons, et plus vous avez de chances, puisque votre cabane sera parfaitement isolée et la pince la seule branche où les oiseaux pourront se poser.

Si vous connaissez bien le pays, vous savez d'avance où vous irez vous établir ; si vous ne le connaissez pas, la veille de votre chasse parcourez-le, remarquez les lieux les plus convenables et où les oiseaux s'abattent en plus grand nombre :

Les champs labourés ou en friche, pour les motteux, les bergeronnettes ;

Les luzernes, les trèfles, pour le pipi, le grasset ;

Les prés entourés de haies, les clairières dans les bois, les bords des taillis, pour la queue-rousse, le rouge-gorge, la mésange, le merle, etc., etc. ;

Les landes, les bruyères, pour les pies-grièches ;

Il en est une espèce qui vient très bien à la chouette, c'est la pie-grièche écorcheur (*Lanius Collurio*); elle est très commune dans le midi de la France; non-seulement c'est un oiseau charmant, mais ses mœurs sont fort singulières et lui ont fait donner par les paysans le surnom de Justicière.

Au pied du pic de Saint-Loup, aux environs de Montpellier, les grandes landes en friche des Matelles, de Valflonnès, de Fontanès, sont couvertes de chênes rabougris, de chênes kermès et d'innombrables buissons épineux ; ceux de ces derniers qui sont morts dressent leurs maigres branches dépouillées, mais hérissées de redoutables piquants. Les pies grièches volent en grand nombre et sont toujours en chasse ; la quantité d'insectes qu'elles dévorent est considérable : aussi font-elles des provisions pour les jours de disette. Quand elles sont repues, elles n'en continuent pas moins leurs recherches, et les buissons morts leur servent de garde-manger ; dès qu'elles ont attrapé une sauterelle, une cigale, un hanneton ou tout autre coléoptère, elles s'envolent avec leur proie vers le buisson qu'elles ont choisi, et empalent l'insecte sur l'un des piquants.

Une remarque intéressante à faire, c'est qu'elles le piquent toujours par le côté droit du thorax ; j'ai vu de ces buissons en porter plus de cinq cents, parmi lesquels, mais plus rarement, un petit lézard ou une jeune grenouille avait subi le supplice dont les Turcs s'étaient réservé la spécialité.

Cette habitude les a fait mal juger ; leur réputation est si bien établie, que les habitants de la campagne nomment un homme cruel *ün tarnagas justiciè* ; mais je la crois peu fondée. En effet, si c'était pour le seul plaisir de mal faire, elles laisseraient le corps de leurs victimes tomber peu à peu en poussière et réjouiraient leurs yeux du spectacle toujours renouvelé de leur supplice; mais il n'en est pas ainsi : dès l'instant où les passages de sauterelles diminuent, où les insectes deviennent plus rares, les buissons se dégarnissent, les corps empalés disparaissent l'un après l'autre; puis, quand il n'en reste plus un seul, les pies-grièches elles-mêmes quittent le pays, et ne reparaissent plus qu'à la saison où reviennent les insectes.

Ayant un jour pris deux pies-grièches écorcheurs, je résolus de les conserver en vie, et de savoir à quoi m'en tenir, me rappelant ce qui m'était arrivé dans mon enfance, et mon chagrin en trouvant quatre serins plumés et déchiquetés par une pie-grièche que j'avais eu l'imprudente ignorance de mettre dans leur cage; je plaçai celles-ci dans un compartiment séparé du reste de ma volière, je leur donnai un beau buisson bien épineux et des sauterelles à foison. Les premiers jours elles ne mangèrent rien, puis s'habituèrent à prendre de la nourriture; mais le buisson restait vierge : se confiant sans doute en l'abondance dont elles jouissaient, elles ne redoutaient pas la disette; elle vint pourtant, car je fis la ration plus petite, et les laissai enfin jeûner deux jours de suite; le troisième, je leur donnai une grande quantité d'insectes, et, deux ou trois jours après, le buisson portait sur chaque grosse épine le corps d'une sauterelle; le lendemain, je ne leur apportai rien : les provisions du buisson diminuèrent et finirent par être totalement épuisées. Cette expérience fut fréquemment renouvelée, toujours avec la même issue : que devais-je en conclure ?

Mais revenons à notre chasse. Il est à peu près impossible qu'une femme aille courir les champs une cabane sur le dos, quoiqu'elle en porte bien une sous sa jupe; mais rien n'empêche qu'elle ne devienne partie agissante, si on construit une hutte fixe, ainsi que cela se pratique dans beaucoup de pays.

Près de Bourg-en-Bresse, sur les coteaux de Revermont, au milieu des vignes, la quantité de petits oiseaux pris ainsi est fabuleuse, et j'ai appris de M. Charles Chambre, l'un des plus habiles chasseurs du pays, la manière de fabriquer l'appeau qui sert à attirer les becs-fins.

La cabane peut être construite aussi grande que l'on veut, assez haute pour s'y tenir debout; les pinces changent de nom et de longueur : on les appelle bras. Le manche, long d'un pied, est entaillé de plusieurs encoches, de façon à ce que le bras puisse, en s'appuyant sur une des traverses, se maintenir seul. La détente en bois est ici remplacée par un petit bâton libre, auquel est fixé le bout du lacet de soie qui sert à fermer les branches. Quand l'oiseau est posé, la main gauche saisit le manche, la main droite le petit bâton, le lacet est tiré, et l'oiseau pris.

La chouette domine la cabane, qui affecte en général la forme d'une ruche ou d'un wigwam indien. Elle est posée sur une palette en toile, ou sur un fond de panier au milieu et au-dessous duquel est fixé un bâton qui pend dans l'intérieur. Quand les oiseaux deviennent moins empressés, on prend le bâton et on soulève fond de panier et chouette; quand elle a assez agité les ailes, on laisse retomber le tout en place ; et, suivant le nombre de bras qui hérissent la cabane, on a souvent fort affaire.

On cherche à imiter le cri des oiseaux, soit avec une feuille de lierre, un petit sifflet, même avec un morceau de papier; mais c'est fatigant, et *rappeler* ne plaît pas à tout le monde.

Quand vous êtes en chasse, ne vous contentez pas de prendre et de tuer des oiseaux; étudier leurs mœurs, leurs chants, leurs cris de colère et d'appel, est chose extrêmement curieuse, et vous vous amuserez doublement. Il y a beaucoup de chasseurs, pensez donc à ce qui peut ou les intéresser ou même les éclairer : ils vous seront reconnaissants, et ceux qui vous critiqueront tout haut chercheront peut-être tout bas à vous imiter.

DU FURET

—

Voici venir l'époque de chercher le lapin dans les terriers à l'aide du furet; jusqu'à présent il est resté au gîte sous les ronces, les buis, les haies.

Si vous n'avez pas un bon chien, cent fois vous avez pu passer à côté de lui sans qu'il se dérange; mais les feuilles sont tombées, les grandes herbes flétries s'étalent sur le sol, il n'y a plus de sécurité pour Jeannot à rester hors du logis; il va donc y rentrer bientôt, s'y installer confortablement et y dormir tout le long du jour.

Vous trouverez bien encore pendant l'hiver, par-ci par-là, quelque jeune imprudent ou quelque vieux présomptueux se fiant à son expérience et à la vigueur de ses jarrets; mais vous ferez bien de ne pas négliger vos furets et de les préparer un peu à l'avance par une hygiène qui leur donne vigueur et agilité.

Y a-t-il rien de pis que la position où vous tous chasseurs vous vous êtes maintes fois trouvés, j'en suis certain?

Votre furet est mis à la bouche d'un terrier, il se secoue, lève le nez et entre allégrement; vous faites silence, votre chien couché est à vos pieds, avec défense formelle de remuer même une feuille avec sa queue. Au bout d'un instant, vous croyez entendre un bruit de galop souterrain , vous retenez votre souffle, vous avez le fusil prêt à être épaulé; vos yeux sortent de l'orbite, vos oreilles sont tendues à en faire mal; mais ce n'était qu'une fausse alerte : cinq minutes, puis dix, puis vingt, se passent, rien n'est changé dans votre position physique; mais, quant au moral, c'est différent, n'est-ce pas?

Vous commencez à craindre que le furet ne soit tombé dans un trou d'où il a de la peine à sortir, puis qu'il n'ait été tué par quelque putois : vous faites toutes ces suppositions premières par pur amour-propre, et pour ne pas vous avouer à vous-même que votre furet s'est endormi; et pourtant c'est la seule vraie, et ce qui arrive onze fois sur douze.

Mais pourquoi s'endort-il?

Si vous le savez, tâchez d'y remédier; si vous ne le savez pas, laissez-moi vous apprendre la manière de l'empêcher : car c'est par expérience et après maints essais que j'étais arrivé à avoir des furets qui ne s'endormaient jamais.

Depuis quelques années, mes occupations m'empêchent d'en élever encore, mais j'en ai eu de toutes les tailles, de toutes les robes, et jusqu'à une hermine dont peut-être un jour je vous raconterai l'histoire.

Ne croyez pas que je veuille me poser en professeur; loin de moi cette prétention; mais je crois fermement que tout vrai membre de la famille cynégétique doit à ses frères en saint Hubert tout ce qu'il sait et tout ce qu'il peut apprendre encore.

Le choix du furet est important.

Ne le choisissez ni trop gros ni trop petit.

Trop gros, il arrête le lapin et le saigne dans le terrier.

Trop petit, il rencontre quelquefois des obstacles qu'il ne peut surmonter, et court le risque de mourir de faim dans quelque fente de rocher.

Quelques chasseurs n'élèvent que des mâles, d'autres rien que des femelles; il ne faut pas être trop exclusif.

Les femelles sont plus vives, plus alertes, surtout moins méchantes; mais j'ai vu d'excellents furets mâles.

Si vous m'en croyez, vous couperez les crochets; c'est une garantie certaine que le lapin ne sera pas saigné, et vous éviterez ainsi une des causes principales de la funeste habitude de s'endormir.

Mais, dira-t-on, le lapin ne sortira pas s'il n'est pas vigoureusement mordu.

C'est une erreur : d'abord le lapin, tenu en alerte par l'odeur du furet, n'attend ordinairement que son approche pour fuir au plus vite; puis, j'ai vu cent fois mes furets avec leurs crochets coupés sortir à cheval sur le lapin, qu'ils tenaient rudement serré par la peau du cou.

Une simple paire de ciseaux suffit à l'opération.

Vous faites maintenir votre furet par votre garde de chasse, de la main gauche vous écartez les mâchoires avec un seul doigt, et de la main droite, armée des ciseaux, vous coupez d'un seul coup et facilement les quatre crochets au niveau des autres dents.

Mais la chose essentielle, c'est la nourriture : de même qu'un cheval de course, il faut qu'un furet soit entraîné.

Dans certaines contrées, ils sont nourris uniquement avec du lait !

Rien que du lait, et à des furets ?

Mais, malheureux, nourrissez donc alors vos chiens rien qu'avec des panais et des betteraves, et vos vaches rien qu'avec de la viande ; le lait est très bon quand le furet est échauffé par un exercice violent et continu, mais c'est comme remède, et non comme nourriture habituelle, que vous devez lui en donner.

Aussi qu'en résulte-t-il ? Ce qui justement m'est arrivé la semaine dernière.

Nous chassions avec deux furets nourris au lait ; dans le premier terrier où on les a mis, ils se sont endormis, et si bien qu'après avoir attendu des siècles, tiré des coups de fusil dans toutes les issues, frappé la terre à coups de bâton et de talons de bottes, nous avons pris le parti de laisser en faction le père nourricier et de nous en retourner bredouille.

Je ne jurerais pas qu'il ne se trouve encore sur le terrier à attendre leur réveil.

Pour avoir un furet vif et agile, donnez-lui une nourriture appropriée à sa nature, et surtout évitez les aliments salés : quelques-uns les supportent, mais la plupart meurent le corps couvert de boutons.

Qu'il ait peu à manger : deux fois par jour, et plus le matin que le soir.

Faites une pâtée avec un peu de mie de pain, ou de maïs, et le jaune cru d'un œuf bien frais ; voilà pour le matin.

Le soir, prenez votre fusil, tuez un petit oiseau, plumez-le, et donnez-le-lui pour son souper ; si vous n'avez pas facilement des oiseaux, coupez de petits morceaux de viande fraîche ; si elle est cuite, lavez-la pour enlever le sel.

Qu'il y ait toujours dans sa caisse, et du côté opposé à celui où il établit son *water-closet*, de l'eau propre et fréquemment renouvelée, ainsi que la paille dans laquelle il se blottit pour dormir.

Quand il devra aller avec vous en chasse, emmenez-le *à jeun*.

Dès qu'il vous aura fait tuer un lapin, à l'aide de votre couteau ou d'un bâton pointu, enlevez les deux yeux au lapin et donnez-les au furet : il n'en fera que deux bouchées, vous regardera pour savoir s'il doit en espérer encore, et se léchera joyeusement le museau. Vous le remettrez dans son sac ou sa boîte (je préfère la boîte depuis que mon garde, en tombant, en a écrasé un placé dans un sac), et je vous réponds qu'au premier terrier où vous le présenterez, il entrera franchement, fera son devoir en conscience, viendra demander sa récompense s'il a réussi, et, s'il a fait buisson creux, il recommencera avec ardeur et ne s'endormira que lorsqu'il retrouvera la paille de sa caisse.

Mettez des grelots autour de son cou : les avantages sont grands, les inconvénients de peu d'importance.

Au bruit des grelots, le lapin décampe sans hésitation et sans se faire prier ; par conséquent, il y a moins de danger à ce que le furet ne l'étrangle et ne perde du temps ; puis, en écoutant, l'oreille placée à la bouche du terrier, vous suivez sa marche, vous l'entendez se secouer, vous vous assurez s'il fait bien sa besogne ; enfin, s'il est sorti par une issue inconnue, vous ne risquez pas de le perdre, et vous êtes averti assez à temps pour l'empêcher de s'égarer.

Mais peut-être craindrez-vous qu'il ne s'étrangle lui-même en accrochant son collier à quelque racine, à quelque aspérité de rocher : cette crainte serait fondée si vous lui mettiez un collier de cuir ou de ficelle ; mais ayez la précaution de n'attacher les grelots qu'à un mince fil de coton ou de laine qui puisse casser au moindre effort, et tout danger disparaît ; vous en êtes quitte pour la perte de trois grelots, ce qui n'est pas une affaire.

Choisissez-les en cuivre jaune, petits, mais bien

sonnants, pareils enfin à ceux que les bimbelotiers attachent aux vêtements des poupées, jongleurs, clowns et autres. Trois ou quatre suffisent, et leur bruit protége la vie même de votre furet.

Il peut vous arriver de chasser dans des endroits hantés par les renards, les putois, les fouines.

Certains furets refusent d'entrer dans les terriers où se trouve l'un de ces carnassiers; ils restent à l'entrée, se secouent, tournent sur eux-mêmes, la queue en l'air et le poil hérissé. Fiez-vous à leur instinct et ne les forcez pas.

D'autres entrent franchement, et, si vous n'avez pas fait de bruit, ce qu'il faut toujours éviter, vous êtes tout étonné de voir prestement détaler un beau renard, ou un putois, qui a fui au bruit des grelots, et qui, sans cette circonstance, aurait d'un coup de dent étranglé votre furet.

PÊCHE DU CAPELAN A LA PALANGROTE

Ne me demandez pas l'étymologie du mot *palangrote*. Pendant bien des années, j'ai interrogé pêcheurs, marins et bourgeois, et je n'en ai pas été plus avancé; c'est un mot patois, et Julien, patron de la chaloupe *La Delphine*, qui était notre commodore à Cette, me répondit un jour, avec l'accent cettois:

« Eh! qu'est-ce que vous cherchez tant? Pardi, une palangrote est une palangrote. »

La réponse me parut si logique, si explicite, que je n'ai plus couru après l'explication, et que, depuis lors, la palangrote est restée pour moi une palangrote.

Elle se compose d'un fil de ligne de seize à dix-huit brasses de long. A l'une des extrémités est fixé un plomb assez lourd, ou un biscaïen. De vingt en vingt centimètres au-dessus du plomb sont attachés des fils de ver à soie de six centimètres, et armés d'un fin hameçon.

Il ne faut pas en placer plus de quatre; le cinquième, trop éloigné du fond, serait tout à fait inutile. On enroule la ligne sur une bobine, pour la transporter facilement et sans courir le risque de la voir s'embrouiller.

Pour amorcer les hameçons, on se sert de charmant petits colimaçons blancs, appelés dans le pays *mourguétas*, et qui pullulent le long des haies, sur les joncs et les salicores ; on écrase légèrement la coquille, on peut alors les piquer très aisément.

La consommation que l'on fait de ces escargots est immense. Citadins, villageois et canards en sont aussi friands que le poisson que nous allons pêcher, le capelan, l'est lui-même.

Dès les premiers jours du printemps, des femmes parcourent les rues en criant à tue-tête :

Quaou crompa dé cagaraouletas, dé cagaraoulétaaââs ! (Qui achète de petits escargots !)

Leurs immenses paniers sont bientôt vides, et c'est tout naturel, car cet escargot est un manger délicieux et pas cher : cinq centimes le cent ! Je suis très peiné que vous ne puissiez pas en goûter, car je suis certain que vous les aimeriez beaucoup.

Pour la pêche, il faut en emporter une bonne provision : il m'est arrivé plusieurs fois d'être obligé de rentrer au port avant l'heure parce que nous avions tout épuisé.

Le capelan est un poisson des côtes ; sa plus grande longueur ne dépasse pas seize ou dix-huit centimètres ; il est plat ; sa chair est transparente, excellente au goût et presque sans arêtes ; il se mange frit.

Avant de s'embarquer, il faut consulter le temps,

c'est essentiel. S'il fait grand vent ou que le baromètre baisse trop, restez au logis, vous ne feriez
rien qui vaille ; si la brise souffle légèrement de
terre, que l'atmosphère matinale indique une belle
journée, partez avant le jour, avec lignes et escargots, bon déjeuner et bons cigares. Si vous n'avez
pas le mal de mer, je vous assure que vous vous
amuserez ; mais, si vous avez des dispositions aux
soulèvements d'estomac, bon déjeuner, bon vin, et
surtout bons cigares, vous seront parfaitement inu-
tiles, à moins que la mer, ce qui arrive assez souvent dans la Méditerranée, ne soit, suivant l'expression consacrée, tranquille comme de l'huile, ce
que mieux que personne je sais apprécier.

Tous les parages ne sont pas également fréquentés par le capelan. Il y en a bien un peu partout,
mais il est certains endroits qu'il a pris en affection
et où il vit en bandes innombrables. Comme le gou-
jon des rivières, il se tient au fond de l'eau, toujours sur les sables, et par quatorze ou dix-huit
brasses au plus de profondeur.

Aux cabanes des Quatre-Canaux, près de Montpellier, il faut aller jeter la palangrote en face de
l'antique église de Magnelonne, à une portée de
canon de la plage. Le fond est bon, et les capelans
asont par quinze brasses.

A Cette, il est un banc merveilleux où le poisson
foisonne, et sur lequel, avec de bons et excellents
amis, MM. Jules Bazile, propriétaire de la chaloupe, son frère Gaston et Victor Lichtenstein, nous

avons fait de belles pêches et où *La Delphine* a entendu de joyeux propos et de francs éclats de rire.

Si votre batelier connaît son métier, il vous y mènera tout droit; dans tous les cas, vous ne pouvez pas le manquer en suivant mes indications.

Sortez du port de Cette par la passe de l'est; quand vous avez doublé la pointe du brise-lame, gagnez sur la droite environ deux kilomètres vers la haute mer, voguez alors parallèlement au rivage du côté de Frontignan, jusqu'à ce que vous vous trouviez par le travers d'une montagne découpée et offrant deux pitons, que l'on appelle *les Moines*.

Arrivé là, vous laissez tomber la voile ou rentrez les avirons, vous jetez le grappin ou le plus souvent une grosse pierre qui en fait l'office, et vous parez votre palangrote.

Prenez un escargot, écrasez-le sur le plat-bord ou sur le banc sur lequel vous êtes assis, tirez délicatement l'animal: s'il glisse entre vos doigts et tombe, ramassez-le ou prenez-en un autre; s'il glisse encore, frottez vos doigts aux semelles de vos souliers, ils y accrocheront du sable qui vous permettra de bien tenir; garnissez vos quatre hameçons.

Pendant que vous les préparez, que votre batelier écrase deux ou trois poignées de colimaçons et les jette à la mer, coquille et tout. Si vous n'avez jamais remarqué combien l'eau de la Méditerranée est transparente et limpide, même sur la plage, regardez, suivez de l'œil les coquilles qui s'enfoncent en tourbillonnant : vous les accompagnerez jusqu'au moment où elles atteindront le fond ; vous êtes pourtant sur quatorze brasses d'eau, ni plus ni moins. Quant aux corps des escargots, ne les cherchez pas, il y a pas mal de minutes que les capelans les ont fait disparaître.

Si vous avez un compagnon, qu'il se mette à bâbord et vous à tribord ; celui de vous deux qui craindra le soleil se placera la face tournée du côté de la terre : on se rôtit agréablement vers la haute mer, sans compter que la réverbération des rayons solaires sur l'eau est fort gênante ; mais ce n'est pas une raison pour se placer tous du même côté et risquer de faire chavirer la barque.

Quand tout est prêt, jetez le plomb de la palangrote à la mer et larguez la ligne doucement. Dès que le plomb atteint le fond, vous le sentez tout de suite à la main ; cessez alors de donner de la ligne, et vous attendez sans lâcher le fil.

Si vous n'avez pas manqué les bons parages, ce ne sera pas long ; vous éprouverez dans les doigts un léger frémissement, puis un coup sec ; c'est le cas de tirer, mais sans saccades, sans brusquerie : le fil de la ligne s'empile tout naturellement dans le bateau, tandis que, si vous allez trop vite, tout s'embrouille, se noue, s'enchevêtre, et vous perdez un temps précieux.

Regardez dans la mer : voyez-vous, par intermittences, de petits éclairs? Oui, n'est-ce pas?

En voyez-vous à des hauteurs diverses?

Sans doute !

Eh bien , à chaque hameçon vous ramenez un capelan , dont le ventre argenté brille de temps en temps dans les évolutions rapides qu'il fait pour se décrocher.

Vous pouvez hardiment saisir le poisson à pleines mains : ses arêtes piquent peu et ne sont point dangereuses comme celles de certains autres, et, comme la peau est fine et de peu de consistance, vous retirez le crochet de l'hameçon très aisément.

Amorcez de nouveau et recommencez , non jusqu'à satiété, parce que je comprends comme vous que , lorsqu'on s'amuse, on oublie toute fatigue ; mais je vous avertis qu'à deux heures après-midi le vent de terre va mollir, puis tomber, pour faire place au *labech*, ou vent de mer, qui souffle régulièrement jusqu'après le coucher du soleil, que la prise du capelan devient problématique, et que, si vous restez en place, votre barque va tanguer, rouler, et le mal de mer arriver rapidement.

LA PÏOUTADE

—

Comment traduirai-je le mot *pïoutade* en français?

Le verbe *pïouter* est imitatif; on dit, en patois languedocien, d'une jeune gallinacée quelconque : *pïouta*. Il s'agit donc, en pïoutant, d'imiter le cri d'un oiseau.

La pipée est aussi l'imitation du cri des oiseaux; mais appliquerez-vous ces mots : « Aller à la pipée, » à la chasse que je vais vous décrire? Assurément non; eh bien, sans plus de dissertation, faites comme moi, gardons le mot *pïoutade*, et nous nous en trouverons bien.

Beaucoup de pêcheurs chasseurs vont à la pïoutade, mais pïouter avec talent et surtout avec succès n'est pas l'affaire de tout le monde. D'abord, le cri de la macreuse : *Tep! tep!* doit être tiré du fond de la poitrine par un effort, atteindre le diapason le plus élevé et surtout le plus aigu, avec un son métallique et saccadé.

Il arrive ordinairement que celui qui parvient à vaincre toutes ces difficultés, et pïoute à tromper une macreuse, est forcé d'abandonner ce talent, parce qu'il finit par cracher le sang et être atteint d'une affection de larynx.

Cette chasse n'a qu'un temps, et commence au mois d'octobre, lorsque les macreuses arrivent dans les étangs.

Elles ne sont pas encore réunies en bandes, vont et viennent d'un étang à l'autre, étudiant leur terrain et ne se fixant que lorsqu'elles ont trouvé des eaux plus profondes, salées raisonnablement, et de l'herbe abondante sur un fond assez ferme. Cette herbe, dont elles font leur principale nourriture, porte dans le pays le nom de *gratte*. Elle est tendre, nourrissante, et les canards fréquentent en grand nombre les parages où elle pousse.

Pendant ce va-et-vient, qui ne se fait que pendant la nuit, les macreuses poussent fréquemment leur cri. Quand celle qui vole entend pïouter sur les eaux, dans un coin de l'étang, elle se dirige vers l'endroit d'où part l'appel et vient, en s'abaissant progressivement, se reposer au milieu de ses compagnes.

C'est donc en imitant le cri d'appel que le chasseur attire le gibier.

Chacun choisit son mode d'attaque, suivant son goût ou plutôt suivant sa fortune.

Les uns vont en bateau, bien confortablement assis dans de la paille, ont un chien pour rapporter et un pïouteur qui s'égosille à leur place. Le plus grand nombre monte en négafol, n'a pas de chien et pïoute à qui mieux mieux. Les prolétaires enfin, ou bien les fanatiques, chaussent la grande botte (*estibaou*), enfoncent dans la vase pour gagner la touffe de joncs qui doit les cacher, et passent une partie de la nuit debout, souvent avec un froid piquant, surtout quand souffle le vent du nord; mais aussi tirent-ils plus souvent que ceux qui sont en bateau, dont la sombre silhouette effraye souvent la macreuse.

Vous pouvez essayer des trois moyens, mais, dans tous les cas, prenez un pêcheur qui sache bien appeler, sans cela vous ne brûlerez pas une amorce. Il y en a de si habiles, que non-seulement ils trompent les macreuses, mais même les chasseurs les plus habitués. Ainsi, il arrive fréquemment qu'un pïouteur, bien caché dans sa touffe de joncs, entend à quelque distance le *Tep! tep!* si attendu ; il répond et tressaille de joie, car un nouveau cri s'est fait entendre : la conversation s'engage, les appels se renouvellent, se croisent, se succèdent rapidement; mais un accès de toux vient rompre le charme, et deux jurons bien accentués témoignent du désappointement des deux chasseurs.

Il est une habitude qui existe dans tout le Midi et que je vous recommande. Si vous n'avez pas un fusil à bascule, toutes les fois que vous voudrez chasser sur les étangs ou marais, soit de jour, soit de nuit, c'est de faire vos charges d'avance, et voici comment :

Vous couperez des roseaux, tous à peu près de la même grosseur, en ayant soin, suivant leurs dimensions, de faire la section à trois pouces ou trois pouces et demi au-dessus et au-dessous des nœuds, qui forment naturellement une séparation entre la poudre et le plomb. Pour ne pas vous tromper de côté pendant la nuit, ou dans un moment pressé, vous n'oublierez pas de couper en biseau le côté où vous mettrez la poudre, et vous boucherez les deux extrémités de vos porte-charges avec des bourres qui forcent un peu : je vous en laisse le choix, mais les pêcheurs se trouvent très bien de la filasse provenant des vieux cordages goudronnés ; j'en ai usé longtemps, mais j'y ai renoncé parce que certains fusils ainsi bourrés repoussent, surtout au coup du roi, et se font trop fortement sentir à l'épaule et à la joue ; mais quoi que vous employiez, avec vos porte-charges, vous serez certain d'avoir une charge bien égale.

Avant de vous placer, vous devez bien vous assurer d'où souffle le vent ; ici, comme dans toutes les chasses à l'eau, il est de règle de l'avoir toujours dans le dos, parce que tous les palmipèdes et oiseaux de marais montent constamment au vent.

Si vous avez été à l'affût des canards, la nuit, je n'ai pas besoin de vous enseigner comment vous devez tirer la macreuse. Si c'est la première fois que vous essayez, il y a à parier que vous rentrerez bredouille, l'habitude seule pouvant vous donner le don de voir voler le gibier pendant la nuit. Seulement, j'ai un conseil à vous donner : ayez les yeux fixés à l'horizon à environ quinze ou vingt pieds au-dessus de l'eau , et autant que possible du côté le plus clair du ciel.

Pendant bien longtemps, il m'est arrivé de passer ma nuit sans tirer un coup de fusil , non parce que le gibier manquait, puisque je l'entendais venir de loin , passer au-dessus de ma tête , ou sur les côtés, mais bien parce qu'il m'était impossible de rien distinguer ; eh bien, une belle nuit, vous serez tout étonné d'apercevoir à grande distance un point noir grossissant peu à peu, puis vous paraissant énorme : vous ne saurez trop encore vous rendre compte du moment où il sera à portée , mais bientôt vous ferez comme tout le monde , et peut-être la pïoutade comptera-t-elle un adepte de plus.

Mais gare à votre larynx !...

CHASSE A COURRE

Ce mot seul, *chasse à courre*, évoque tout un monde! On rêve immenses forêts ombreuses, longues allées sombres, chevaux anglais pur sang, ou tout au moins demi-sang; habits rouges, verts ou bleus, toques de velours; couteau de chasse au côté et carabine dans sa botte; sanglier ou cerf poursuivis par une meute ardente appuyée de nombreux piqueurs.

Les trompes résonnent, les échos répètent l'hallali par terre, et on ajoute à ces magiques souvenirs celui d'un splendide déjeuner au rond-point le plus pittoresque, ou au bord d'un lac dont les eaux reflètent les gracieuses images des femmes élégantes qui ont suivi la chasse en voiture ou à cheval.

Est-ce là votre chasse à courre?

Eh bien, ce n'est pas celle dont nous avons à nous occuper.

D'abord et avant tout, il est impossible que les dames puissent nous suivre : elles arriveraient au rendez-vous couvertes, de la tête aux pieds, de boue de toutes les nuances, et elles ne pardonneraient pas un tel guet-apens. Il faut traverser des plaines immenses sous un soleil torride, où le seul arbre qui pousse de loin en loin est le saule ; où les taillis sont composés de rares tamarins et de roseaux dont le feuillage grêle abrite des légions de moucherons de toutes grandeurs et de toutes couleurs ; les fossés boueux sont aussi nombreux que variés dans leur largeur : ceux que l'on ne peut franchir, on les traverse bravement.

Mais quelle est donc cette chasse ?

Vous n'avez donc pas lu les trois mots écrits en tête de cet article : *Chasse à courre.*

Mais quelle bête fauve ?

Attendez : ai-je parlé quadrupède ? non ; ayez donc confiance, et si je ne vous intéresse pas, eh bien, vous passerez ce chapitre : est-ce décidé ?

Oui ; mais où allons-nous, et que chasserons-nous ?

Ah ! cela, je puis vous le dire maintenant : je vous mène en Camargue, et nous prendrons des perdreaux rouges et des lièvres à la course Ne riez pas... vous verrez.

Vous connaissez la position topographique de la Camargue, ce Delta formé par le Rhône ; je ne vous en dirai donc rien. Mais que cette terre sauvage, tantôt inondée, tantôt brûlée par le soleil, offre d'attraits au véritable chasseur ! Là, point de propriétés closes et réservées : l'immensité devant soi, et une immensité bien peuplée de gibier, je vous jure.

Au mois de septembre 18.., après avoir couché à Arles, à *l'hôtel du Forum*, nous partîmes, deux de mes neveux et moi, à la pointe du jour, dans un char-à-bancs, et suivîmes une route plantée d'arbres admirables qui nous conduisit jusqu'au bras du Rhône appelé Rhône mort, et, à travers les plaines unies de la Camargue, nous arrivâmes au château d'Avignon, lieu assigné pour le rendez-vous, et où nous avions établi notre quartier général, comme dans nos chasses précédentes. Nos amis étaient arrivés, et nous étions au nombre de dix, y compris le garde-chasse de l'un d'eux, F. S., qui avait amené avec lui six lévriers écossais de toute beauté et deux bassets; nous avions, en outre, chacun notre chien d'arrêt pour chasser à tir en guise de délassement.

Les chevaux qui devaient nous servir pendant les chasses étaient encore dans les marais. Nous passâmes donc cette première journée à tirer des bécassines dans les rizières, et des lapins autour du château.

Avant d'aller plus loin, je dois vous parler de nos pur-sang, qui nous rendent de si bons services. Ardeur, fond, vitesse, tout est réuni dans le pur-sang camargue, auquel il ne manque en général qu'un peu plus de taille et d'élégance dans la forme de la tête pour en faire un cheval accompli. Sobre et dur, il vit au moins onze mois sur douze dans les marais; tant qu'il tette, on le garde dans des hangars construits en roseaux ; mais, dès qu'il commence à manger, il retourne avec sa mère dans les pâturages des marais où il est né.

Il est un fait bizarre et que je laisse à d'autres le soin d'expliquer : tous ou presque tous les poulains camargues naissent avec une robe noire, baie ou alezan brûlé ; à neuf ou dix mois, la couleur, quelle qu'elle soit, prend une teinte plus claire ; quelques mois après, le gris de fer domine, et à dix-huit ou vingt mois, deux ans au plus, la teinte devient uniformémeut d'un blanc d'argent sans mélange aucun ; s'il y a eu croisement, la couleur du poulain ne subit aucune modification.

Après les moissons, les camargues, à partir de ceux qui ont atteint trois ans révolus, sont loués aux propriétaires ou aux fermiers, forment un escadron connu sous le nom de *roda* (roue), et, sous la conduite d'un *gardian*, parcourent le pays, souvent même à de fort grandes distances. La saison de la dépiquaison finie, ils retournent dans leurs pâturages, d'où on ne les fait sortir que pendant les plus grands froids, ou bien quand ils sont nécessaires, soit pour un voyage, soit pour une chasse.

Vous avez lu les pittoresques descriptions de Cooper et du capitaine Mayne Reed sur les mustangs américains, et la manière dont on s'en empare à l'aide du lasso ; eh bien, en Camargue on en fait tout autant.

Deux gardians (gardiens des troupeaux de taureaux et chevaux sauvages), montés sur des camargues, s'approchent de la *manada* (troupeau) : le lasso en crins tressés tourne rapide , part en sifflant, et le nœud coulant enlace le cheval qui a été choisi ; malgré ses efforts pour s'échapper, il est solidement maintenu pendant que le second gardian lui passe lestement un caveçon en crin. Pendant ce temps, les chevaux , encore libres , épouvantés des bonds , des hennissements du prisonnier, des cris et des juremens des hommes, se sont élancés la queue au vent : alors commence un véritable steeplechase ; le terrain fuit sous l'ardeur de la poursuite, les fossés , les mares, sont franchis, et un deuxième captif vient se joindre au premier.

A la pointe du jour, nos chevaux, bridés et sellés, nous attendaient devant la maison ; mais quelle variété dans le harnachement! Ici des selles à la française, à la houzarde, à l'anglaise ; là des selles à la gardiane avec leur palette et leur piquet, suivant la coutume arabe ; seulement les larges et élégants étriers étaient pittoresquement remplacés par des sabots suspendus aux étrivières.

Vous jugez des discussions et des difficultés qui s'accumulaient pour le choix et du quadrupède et de la selle : car, pour de longues courses à fond de train, en sautant haies et fossés, ce n'était pas d'une minime importance. Tout étant arrangé néanmoins le moins mal possible, nous partîmes avec les lévriers et les bassets ; nous allions chasser le lièvre.

Dès que nous eûmes dépassé les rizières qui avoisinent le château, nous nous déployâmes en demi-cercle, embrassant autant d'espace que possible, sans pourtant nous trop éloigner les uns des autres : les bassets battaient les touffes de joncs et les roseaux, tandis que les lévriers étaient tenus en laisse par les gardes à cheval et ne devaient être lâchés qu'au moment du lancé.

Nous n'avions pas fait cent pas, qu'un lièvre déboule sous les pieds du cheval de l'un de nous ; aussitôt chacun part au galop en poussant les cris sacramentels : *Avisa, avisa, à la lébré!* (Vois, vois, au lièvre!) Les lévriers sont découplés et une course fantastique commence.

Le lièvre a de l'avance, mais elle diminue rapidement ; les chiens gagnent sur lui, et nous sommes sur leurs talons, franchissant ruisseaux et fossés, traversant les tamarins qui déchirent nos vêtements et souvent notre peau ; mais le camargue aime les courses folles, la chasse l'anime : vous ne reconnaîtriez plus en ce moment le cheval qui vous a été présenté au départ et dont tous ceux qui n'en connaissent pas les qualités sont portés à se défier. Le lièvre court, poussé par la terreur, mais rien ne peut le sauver : les ruses et les refuites sont impossibles, le terrain est trop découvert, c'est donc une lutte de vitesse dont l'issue ne peut être douteuse. Le plus rapide des lévriers, Bob, un beau et admirable chien de trois ans, aux longs poils gris souris, devance tous les autres ; il ne court pas, il vole ; d'un élan formidable il va atteindre le lièvre, qui s'arrête sur cul, fait un crochet et repart dans une autre direction ; mais il a été malheureux dans son choix, car les autres lévriers ont coupé au plus court, et Bob se voit enlever la victoire ; le lièvre est saisi, tué, broyé avant qu'il ait pu le rejoindre.

Pendant le dénoûment du drame, les bassets, distancés, nous ont rejoints ; les lévriers sont couplés de nouveau et nous procédons à un deuxième acte, dont les péripéties et la fin sont identiques ; huit fois nous recommençons ; Bob, notre favori, se couvre de gloire, et nous rentrons au logis fiers de nos succès, sans le moindre accident, mais harassés de fatigue et couverts de boue.

Le lendemain était jour de repos pour les chevaux, aussi le passâmes-nous à tirer des bécassines au chien d'arrêt : je vous dirai, par parenthèse, que nulle part vous n'en trouverez autant, si ce n'est dans les marais du Frioul et en Dalmatie, aux environs de Fiume, et nous employâmes gaiement la soirée à parler de nos chasses passées et à venir.

A la pointe du jour nous étions debout ; les fusils étaient remplacés par des cannes de vigne sauvage, appelées *béliganes*, longues de cinq pieds et demi et recourbées à une de leurs extrémités : c'est l'arme indispensable pour la chasse aux perdreaux.

Pour ne pas perdre trop de temps en recherches,

nous avions avec nous l'un des gardes du château, qui connaissait toutes les remises ; et tout en causant et fumant, nous arrivâmes au pas de nos chevaux auprès d'une rizière desséchée, où nous devions trouver infailliblement une nombreuse compagnie de perdreaux : nous prîmes alors nos distances et entrâmes dans les chaumes. A peine en avions-nous parcouru le tiers, qu'elle partit à tire-d'aile et nous à fond de train. Après une course d'au moins un kilomètre, les perdreaux avaient pris terre, mais ce n'était pas pour longtemps, car nous arrivions comme l'ouragan, et les forçâmes à reprendre la volée : la distance parcourue fut moins longue que la première fois, mais fut plus rude pour nos chevaux, qui avaient à franchir de nombreux fossés et des terrains boueux ; leur ardeur semblait s'accroître en raison des obstacles ; nous approchions du dénoûment ; mais le plus difficile était de faire relever les perdreaux qui, déjà fatigués, cherchaient tous les couverts pour se soustraire à nos regards. Effrayés pourtant par les coups de nos béliganes sur les joncs et les roseaux, ils s'envolèrent encore, mais pour la dernière fois ; leur vol était lourd, ras de terre, et, au bout de deux cents pas, épuisés, rendus, nous les avions sous les pieds de nos chevaux. C'était le moment de mettre pied à terre, et alors commença une scène des plus animées ; chacun s'évertuait à les attraper à la main, mais ce n'était pas chose facile : leurs ailes refusaient le service, mais non leurs jambes, dont ils se servaient avec une rare agilité ; quelques-uns pourtant étaient pris, mais le plus grand nombre courait dans tous les sens. L'impatience nous gagna bientôt, et les béliganes voltigèrent en faisant leur office meurtrier ; heureux le chasseur qui, ardent à la poursuite et s'approchant imprudemment de son voisin, esquivait un bon horion qui ne lui était pas destiné.

Jamais chasse ne donne lieu à plus de gaieté et de joyeux éclats de rire que cette course à pied où le bâton joue un si grand rôle.

Si le temps est chaud et lourd, les perdreaux font des vols très courts et sont vite forcés ; si le temps est vif, sec et froid, les chasseurs et les chevaux doivent redoubler, les uns d'audace, les autres d'ardeur et de rapidité ; mais si le mistral souffle, restez au logis, le perdreau se donne au vent, et sans remuer les ailes se laisse emporter à des distances énormes ; ou vous l'avez bientôt perdu de vue, ou il met entre vous et lui un canal, un étang, qu'il vous est impossible de franchir.

ESPEYRAN

Chacun a, dans sa vie, une époque dont les souvenirs, tristes ou gais, restent indélébiles ; ceux qui, pour moi, se rattachent à nos réunions au château d'Espeyran, chez Frédéric S..., sont tous couleur de rose.

Chaque année, à l'époque des chasses, nous entrions sous ce toit hospitalier, et nous laissions à la porte nos préoccupations et nos idées tristes. Amis d'enfance du châtelain, nous lui prouvions notre affection en employant quinze ou seize heures sur vingt-quatre à pêcher, chasser, monter à cheval, jouer au billard ou au trictrac, causer follement ou sérieusement, mais en bannissant de nos entretiens la politique et la religion. Une liberté d'action illimitée doublait le charme de nos journées si bien employées et que des dîners pantagruéliques couronnaient dignement ; nous étions tous jeunes, pleins d'entrain et de verve, sans chagrin sérieux : c'était un beau temps !

Placée d'une manière exceptionnelle entre les étangs d'Escamandre et de Vauvert à l'est, le petit Rhône à l'ouest, la mer au sud et les coteaux de Saint-Gilles au nord, la magnifique terre d'Espeyran offre des ressources précieuses pour mener à bonne fin tous les genres de sport.

Pour la chasse, prairies immenses, coupées de fossés et de haies, marais salés, grands bois de chênes, guérets, luzernes, vignes et bruyères ; on était certain de trouver du gibier partout.

Pour la pêche, le Rhône, le canal du Midi, qui passe à une portée de carabine du château, et l'étang d'Escamandre.

Frédéric S..., grand amateur de chevaux, avait de belles et nombreuses écuries, peuplées d'élèves camargues, pur sang ou croisés anglais et arabes, dont plusieurs ont été célèbres sur le turf d'Arles.

Le chenil renfermait vingt-quatre beaux chiens de lièvre et de renard ; pour les lapins, des bassets à jambes droites, admirablement coiffés et gorgés en stentor. Dans les cuisines de la ferme, dans la maison du garde et jusque dans le château, vivaient en bonne intelligence levriers bleus d'Écosse, grand sloughis d'Afrique, pointers, setters, braques et épagneuls français.

Au milieu d'une telle abondance, nous aurions dû être toujours heureux. Eh bien non ! L'homme est insatiable : il manquait à nos chasses les émotions des grands débuchers.

Le cerf, le chevreuil, n'existent pas dans le Midi ;

excepté en Corse, le sanglier a disparu depuis 93 ; le renard avait même changé de logement depuis les inondations du Rhône ; et c'était par le plus grand des hasards que nous pouvions en rencontrer un qui, venu pendant la nuit des coteaux couverts de vignes, s'était fourvoyé en plaine.

Par une belle matinée de septembre, nous étions sortis à cheval pour aller visiter les travaux commencés pour l'établissement de boxes dans les marais situés au delà du canal et au milieu desquels paissaient en liberté camargues et taureaux sauvages.

L'un des gardes de Frédéric S.., Émile (prononcez Milou), nous accompagnait et écoutait pour la centième fois nos jérémiades sur l'absence des grosses bêtes ; il pousse son cheval près de celui de Frédéric, auquel il s'adresse en disant :

« Ces Messieurs tiennent donc beaucoup à chasser une grosse bête ? »

Un oui général, mais empreint de découragement, lui répond aussitôt.

« Eh bien, si vous voulez, je leur ferai chasser ce qu'ils veulent.

— Mais, mon pauvre Milou, où la prendras-tu ?

— Dans les marais de Monsieur, donc ! »

Un éclat de rire universel et des quolibets accueillent cette réponse ; l'un parie pour un grand débucher au mouton, l'autre pour un laisser-courre au rat d'eau.

« Ne riez pas, Messieurs, nous dit Frédéric ; pour ma part j'ai foi en Milou ; je me livre en lui : allons voir sa grosse bête. »

Cette confiance nous gagne, nous anime ; nous chevauchons fièrement à la suite du garde, qui a pris la tête et examine le sol attentivement. Bientôt il descend de cheval, étudie des traces récentes, se remet en selle et repart en obliquant sur la gauche, avant que nous ayons pu distinguer au milieu des nombreuses empreintes de chevaux, taureaux et moutons qui se croisent, se coupent en tous sens, quel est l'animal dont il a revu par le pied.

Après un kilomètre de recherches, de marches et contre-marches silencieuses, nous nous trouvons en face d'un large fourré de roseaux, de tamarins et de ronces enchevêtrés d'une façon inextricable ; Milou arrête son cheval, se dresse sur ses étriers, et pousse d'éclatants et sonores Oh ! oh ! ohohop !! que, par esprit d'imitation, chacun s'escrime à répéter.

Les roseaux, immobiles pendant quelques instants, s'agitent tout à coup, se courbent, cassent et bruissent sous la pression d'un corps puissant, s'entr'ouvrent devant nous, et un énorme taureau, noir comme l'ébène, aux cornes bien plantées et aiguës comme des aiguilles, ayant une étoile blanche au beau milieu du front, apparaît à nos yeux stupéfaits.

Milou nous regarde triomphalement : la bête

était en effet aussi grosse que pouvait le désirer le plus difficile d'entre nous.

Frédéric met son lorgnon à l'œil et s'écrie :

« Fichtre ! ah ! mais, c'est le *Charlatan !!* »

Ce nom seul produisit une commotion électrique ; car chacun de nous connaissait ce taureau de réputation, et elle était des plus déplorables : il vivait toujours seul dans les marais, et bêtes et gens le fuyaient comme la peste.

Ce nom de Charlatan lui avait été donné par suite d'un événement tragique.

Un jour de fête, il y avait course de taureaux sur la place de Saint-Gilles ; tout s'était fort bien passé jusqu'à l'apparition de notre héros sauvage, qui, la queue en l'air, l'œil irrité, les naseaux fumants, se précipite dans l'arène comme un ouragan ; rendu plus furieux par la vue et les cris de la multitude, il s'élance, renverse les barrières, culbute les charrettes et les tribunes chargées de monde, bondit et disparaît dans les rues, où un charlatan italien, habillé de rouge et la tête empanachée, débitait tranquillement ses drogues et ses lazzis.

Les cris : « Gare ! gare au taureau ! » dispersent les auditeurs ; chacun fuit, les portes sont trop étroites pour la foule qui les assiége. Le taureau poursuit sa course furibonde : tout à coup il s'arrête, soulève avec ses pieds de devant la poussière du sol, mugit et secoue sa tête puissante, mais un

seul instant, instant rapide comme l'étincelle vol-
taïque, car il a choisi sa victime : le chapeau em-
plumé et l'habit rouge ont mis le comble à sa rage ;
il foule drogues, fioles et petits paquets, atteint le
malheureux charlatan, le lance à vingt pieds en
l'air, le rattrape à la volée pour le relancer encore,
et regagne au galop les marais d'Espeyran.

Et il était devant nous ce sanguinaire *Charlatan !*
il nous examinait de son grand œil noir, soufflait
vigoureusement et secouait les oreilles par des mouvements brusques et saccadés...

Si nous avions osé, chacun aurait certainement
tiré de son côté et l'aurait laissé finir bien tranquillement sa sieste interrompue ; mais l'amour-propre,
ce tyran, ce despote même entre amis, s'opposait à
ce mouvement assez naturel ; puis, Milou souriait
d'un air narquois ; le sort en était jeté !

« Allons ! Messieurs, en avant ! » nous crie-t-il ;
et il pousse droit au taureau en redoublant ses Oh !
oh ! Nous l'imitons timidement ; et le *Charlatan,*
probablement stupéfait d'une pareille audace, nous
tourne prestement le dos, part au galop et fuit à
travers les marais.

En voyant ce résultat inespéré, chacun se rassure, le sourire renaît sur tous les visages ; ma foi !
un lancer de taureau a bien son charme, et chacun
de galoper.

Après un laisser-courre d'une demi-heure, sans
ruses ni refuites, le taureau paraît diminuer de vi-

tesse : nous gagnons sensiblement sur lui ; mais une chose nous étonne : Milou, qui, plein d'ardeur, tenait toujours la tête, ralentit l'allure de son cheval, nous fait signe d'en faire autant, puis, tout à coup, nous crie : « Halte ! »

Le *Charlatan* s'est arrêté à quarante pas, et par un mouvement rapide s'est retourné de notre côté, en nous regardant en dessous d'un œil farouche ; l'écume blanchissait ses naseaux, la poussière volait sous ses pieds fouillant le sol, sa tête s'abaissait et se relevait incessamment ; il mugissait : c'était un beau spectacle !

Milou ne le quittait pas de l'œil.

« Volte-face, Messieurs, il met la queue en l'air. Allons ! allons ! au galop et vivement ! »

La chasse au taureau était terminée, celle à l'homme commençait, et ne cessa que, lorsque rapides comme le vent, après avoir franchi fossés, haies, barrières, nous eûmes atteint le pont jeté sur le canal en face du château.

Personne ne fut tenté de savoir ce que le *Charlatan* était devenu ; il n'était plus là, personne ne manquait à l'appel, c'était le plus important.

Milou seul s'était bien amusé.

Ce sport avait eu son charme ; mais il nous fit mieux apprécier le plaisir de chausser la guêtre, de reprendre le fusil, et ce fut plus joyeusement que nous battîmes bois et vignes, chassant le lapin au furet, les perdreaux à la passe, et tout cela sans crainte de retour offensif.

Plusieurs d'entre les hôtes du château ne chassaient que pour faire comme tout le monde ; mais ne maniant pas le fusil avec une grande adresse, pour peu que le temps ne fût pas parfaitement beau, ou que les moucherons fussent trop nombreux. ils saisissaient le premier prétexte, plausible ou non, pour nous fausser compagnie, et nous les retrouvions les uns jouant au billard ou aux échecs, les autres au trictrac, ces derniers toujours et invariablement exaspérés, criant, se démenant, les vaincus pour dévorer les vainqueurs, les spectateurs parce qu'ils prenaient parti pour ou contre : le dîner avait seul le pouvoir de détourner l'orage ; et le lendemain c'était à recommencer.

J'ai pourtant vu de ces peu fervents disciples de saint Hubert faire en chasse des coups de fusil stupéfiants.

Un jour, le vent soufflait du nord (bône brrise, comme disent les Marseillais), deux compagnies de perdreaux avaient été poussées par les rabatteurs dans une vigne adossée à un grand bois, et pour qu'elles ne pussent s'y réfugier, nous avions pris nos postes à contre-sens, c'est-à-dire ayant le vent dans la figure ; les traqueurs devaient entrer dans les taillis et rabattre vers nous par les vignes.

Celui qui n'a pas tiré à la passe de perdreaux rouges, poussés vent arrière par le mistral (vent du nord), ne peut pas se faire une idée de la rapidité de leur vol ; une pierre lancée par une fronde ne fend pas l'air plus vivement, et si on ne les tire pas à deux pieds en avant du bec, le plomb porte sûrement dans le vide, et l'on rentre bredouille.

Félix S..., frère du châtelain, était à quelques pas de moi, commodément assis sur le revers d'un fossé : comme il a la vue basse, je m'étais chargé de l'avertir quand les perdreaux auraient pris leur volée. Agenouillé derrière un cep de vigne, j'attendais, et dès que les cris des traqueurs : « Avise ! avise ! » eurent retenti, que j'eus vu les perdreaux se diriger vers nous, je l'avertis à mon tour et ne m'occupai plus que de faire de mon mieux.

J'avais tiré mes deux coups de feu, ma chienne Clarinette cherchait un perdreau que j'avais tué, et pendant que je rechargeais vivement, les autres continuaient à passer comme des balles.

Félix, toujours assis, le fusil à l'épaule, le doigt sur la détente, visait avec conscience, suivait la pièce aussi rapidement que sa position incommode pouvait le lui permettre, mais son arme restait muette. Fatigué, sans doute, de cet exercice, je l'entends tout à coup qui s'écrie :

« Ah ! ma foi, va-t'en au diable ! »

Un perdreau passait sur sa tête, à vingt pieds en l'air ; il se penche tout à fait en arrière, l'arme haute : le coup part, le recul lui fait faire une culbute complète. Le perdreau avait été tué raide !

Une autre fois, nous furetions ; il faisait un froid atroce : Félix, non content de bons et chauds vêtements, avait endossé un immense surtout en peau d'ours ; il n'avait pas froid, mais il ne pouvait faire d'autres mouvements que ceux de porter son cigare à sa bouche ou son mouchoir à son nez ; quant à mettre en joue, il y avait renoncé et portait son fusil sous le bras droit.

Un lapin sort du terrier ; il porte vivement la main gauche à la gâchette, serre la crosse sous son aisselle, tire : le lapin fait trois pirouettes... il était mort !

Au mois de septembre, époque des vendanges et des moucherons, les matinées sont belles, tièdes et parfumées ; mais, quand le vent ne souffle pas directement du nord, dès que le soleil paraît radieux sur l'horizon, malgré l'amour de la chasse et la plus ferme résolution, ces détestables insectes forcent à quitter la partie et à se calfeutrer dans la maison, derrière les canevas placés à toutes les ouvertures.

Les États-Unis et le Mexique possèdent, dit-on, une jolie collection de ces aimables animalcules : moustiques, maringouins mosquitos et *tutti quanti* ; mais je les défie de rendre des points à leurs congénères des départements méridionaux de la France.

Les uns sont forts et visibles ; tous musiciens, ils sonnent des fanfares belliqueuses ou bourdonnent avec les modulations les plus agaçantes ; d'autres, moins gros, ne font entendre leur trompette qu'au moment où ils vont vous saigner à blanc. Mais la dernière espèce est la pire de toutes ! Elle se compose de plusieurs races (je ne me suis jamais enquis de savoir si elles étaient pures ou croisées), mais toutes si petites, si frêles, si transparentes, que, ne sachant probablement où caser un instrument de musique quelconque, elles ont pris le parti de rester silencieuses. Je signale surtout à votre attention les moucherons *invisibles*.

Si Job, de patiente mémoire, avait été pendant quelques heures asticoté par eux, il serait devenu hydrophobe, ou tout au moins il aurait couru dans les bois voisins tailler une branche de cornouiller en faveur de sa femme et de ses insolents voisins.

Nous avons essayé les recettes les plus vantées, les moyens les plus ingénieux, rien n'y a fait. Par la fumée de tabac, de paille ou de foin mouillé, nous n'avons réussi qu'à nous faire éternuer et nous rendre les yeux rouges. Frottés du beurre le plus rance possible, voire même de suif, flairant baume comme des Hottentots, nous avons dû fuir derrière nos remparts de canevas, et lotionner nos ampoules avec de l'alcali.

Certaines personnes sont assez heureuses pour ne pas être soumises aux attaques des moucherons, tandis que d'autres, piquées, mordues, harcelées, sentent leurs yeux disparaître sous leurs paupières tuméfiées, leur nez prendre une rotondité et un développement absurdes et gênants.

Les jours de vent du sud (siroco), des légions de moucherons quittent les marais, où ils s'abritent sous les touffes de soussouïras (plantes à soude), et leurs bataillons compactes se précipitent sur tout être vivant, bipède ou quadrupède.

J'ai vu de paisibles bœufs de labour, de tranquilles chevaux et mules de charrette, rendus furieux, briser leur attelage, gagner le canal au grand galop et s'y plonger jusqu'aux naseaux. Les taureaux et chevaux sauvages passent leurs journées dans les fossés pleins d'eau, ou se vautrent dans la fange, qui, formant une croûte épaisse sur leur corps, les met à l'abri des dards féroces. Les vendangeuses aux jupons courts sont, par suite de leur position courbée, si exposées, qu'elles ont toujours dans leur panier un pantalon en forte toile qu'elles mettent au premier signe du danger ; mais malheur à celle qui a oublié son inexpressible et dont la peau affriande les moucherons ! Elle n'a rien de mieux à faire que de reprendre la position perpendiculaire et à quitter le travail au plus vite.

Après de grands essais, j'étais parvenu à me garantir sinon complétement, du moins assez pour pouvoir sortir sans trop de désagrément, et mon exemple avait eu des imitateurs. Je portais deux pantalons de coutil et des guêtres de peau, une blouse montant sur le cou, descendant bas sur les poignets, et fermée aussi hermétiquement que possible ; un grand voile de gaze cousu en forme de cloche enfermait un chapeau de feutre gris et se fermait autour du cou avec une coulisse ; deux paires de gants de peau : une seule ne suffit pas, car les moucherons passent leur trompe dans les coutures et piquent atrocement.

Bien certainement, vous croyez à de l'exagération ; détrompez-vous, c'est l'exacte vérité, et des milliers de patients, de torturés, peuvent l'affirmer ; mais que le mistral rugisse ou même soupire, il balaye les hordes sanguinaires, qui disparaissent aussi rapidement qu'elles sont arrivées ; on peut alors impunément traverser bois et marais, frapper du pied soussouïras et tamaris : les moucherons s'envolent inoffensifs et vont s'abattre à quelques pas plus loin, pour ne plus bouger jusqu'au premier souffle du vend du sud.

Sur tout le littoral de la Méditerranée, l'usage des moustiquières est si répandu que je me donnerai bien de garde d'en faire la description. Malgré cet appareil, si vous avez le malheur d'entrer dans l'appartement avec une lumière et que la fenêtre se trouve ouverte, un essaim, une avalanche se précipite, dans l'espoir de souper agréablement. Vous vous glissez comme un serpent sous la tente de gaze, que vous rabattez vivement : fatigué d'une journée de chasse par la grande chaleur, vous vous étendez voluptueusement ; le sommeil vous promet ses rêves les plus charmants ; le bourdonnement des grands moucherons musiciens, essayant mais en vain de parvenir jusqu'à vous, a même un certain charme ; vous souriez à leurs tentatives réitérées... Une piqûre semblable à celle d'une aiguille rougie au feu vous fait bondir ! Vous vous souffletez vigoureusement ; le vampire doit être mort, écrasé, pulvérisé. Bientôt encore, nouvelle brûlure, nouveau soufflet ; vingt fois, cent fois vous recommencez. Vous changez de tactique : vous abaissez le bras bien lentement, bien légèrement; tout d'un coup, vous appuyez convulsivement la paume de la main contre votre front, votre joue ou votre nez... Vains efforts! infructueuses précautions! les *invisibles* ont pénétré dans la place; un pli dans la gaze, un trou d'épingle, leur ont livré passage. Si vous ne tenez pas absolument à périr de malerage, ce que vous avez de mieux à faire, c'est de vous lever, de vous promener pour calmer vos nerfs, de rafraîchir votre nez ou vos yeux, puis de rentrer sous votre moustiquière, de cacher votre tête et vos bras sous les draps; vous étoufferez peut-être; mais, si vous échappez à l'apoplexie, vous vous endormirez de fatigue.

Pendant une de ces nuits d'insomnie, l'un de nos amis, Gustave de Massia, se trouvant dans l'impossibilité de continuer le combat, finit de guerre lasse par abandonner le champ de bataille, prit une plume, de l'encre, du papier, et, tout en escarmouchant avec les tirailleurs, mit au jour d'innombrables couplets, tous pleins de désespoir, d'amère ironie, de rage, d'imprécations bien senties. En les lisant, nous eussions tous voulu les avoir écrits; aussi ce chef-d'œuvre d'actualité fut-il appris par cœur et chanté au moment du danger. Ils étaient sur l'air de : *T'en souvient-il? disait un capitaine;* mais le chant n'étant pas assez belliqueux, les strophes furent remaniées, un refrain ajouté, et le

tout vocalisé sur l'air nouveau de *Drinn, drinn.*
On se ferait difficilement une idée du brio avec lequel nous entonnions ce chant, dont voici les premiers couplets :

Un moucheron avec sa moucheronne
Se promenaient tout en moucheronnant.
Ils s'escrimaient sur leur petit trombone,
Tirant un son aussi fort qu'étonnant.
Zi ï, zi zi zi, zizizizi zizi, zi, ï!
Zi ï, zi zi zi, zizizizi zizi, zi, ï!!!

Ce n'est pas tout, reprend la moucheronne :
On ne vit pas de son et de parfum ;
Je sens, morbleu! que la faim m'aiguillonne,
Je voudrais bien aiguillonner quelqu'un.

Zi ï, zi zi zi, etc., etc.

Va! dit l'époux ; car si je ne me trompe,
Je sens mon es.....tomac dans mes talons ;
Du sang! du sang! buvons à pleine trompe,
Et gonflons-nous comme deux vrais ballons.

Zi ï, zi zi zi, etc., etc.

Les voyez-vous, ces deux anthropophasge,
Pour consommer leur horrible festin,
Ne respirant que sang et que carnages,
Quand tout à coup, sur le bord d'un ravin !

Zi ï, zi zi zi, etc., etc.

Leur œil découvre une jeune laitière,
Tout doucement faisant du jour la nuit ;
La pauvre enfant montrait sa jarretière,
Sa jarretière et tout ce qui s'ensuit.

Zi ï, zi zi zi , etc. , etc.

Ce qui s'ensuit.... mes vieux , je vous vois rire,
Ce qui s'ensuit ferait battre vos cœurs ;
Ce qui s'ensuit, je pourrais vous le dire ,
Mais je me tais, par respect pour les mœurs.

Zi ï, zi zi zi , etc. , etc.

Heureusement, les jours néfastes pendant lesquels souffle le siroco sont rares , surtout pendant les mois de septembre et d'octobre ; le plus souvent nous jouissions d'une délicieuse température. La terre ne flamboyait plus comme au mois de juillet et d'août ; vers deux heures soufflait la brise de mer ; les champs retentissaient des chansons et des éclats de rire des vendangeurs. Nous nous mettions en chasse , et de nombreuses cailles , rondes comme des pelotes, étaient étalées sur la longue table des cuisines.

Parmi les diverses méthodes d'accommoder les cailles, je vous recommande la suivante, que je crois inédite :

Sur un lit épais de purée de lapin de garenne convenablement assaisonné, des crépinettes de cailles désossées et pilées : pendant que le tout cuit doucement sous le four de campagne, les cailles les plus grasses, pliées dans des feuilles de vigne, sont mises à la broche et retirées quand elles commencent à se dorer, puis rangées sur la purée, en les alternant avec les crépinettes. On remet sous le four de campagne, feu dessus et dessous ; quelques minutes après on retire le plat, et l'on sert chaud.

Nos dîners, toujours joyeux, étaient de temps en temps interrompus, et pour les causes les plus futiles : des chiens qui se battaient, un cheval qui ruait ; mais les places étaient vite reprises, et appétit et gaieté faisaient toujours bon ménage.

Par une belle soirée, nous dînions, toutes les fenêtres ouvertes ; les conversations s'entre-croisaient au bruit harmonieux des verres, grands, moyens et petits, lorsqu'une grande et brune chauve-souris, entrant par l'une des croisées, vient presque frôler nos cheveux. Nos siéges sont aussitôt désertés, on court aux portes, aux fenêtres, tout est fermé comme par enchantement. Chacun fait un tampon de sa serviette, et la chauve-souris remonte, descend, va, vient, fait les évolutions les plus compliquées pour éviter les projectiles qui la poursuivent drus comme grêle, mais inutilement. On court alors les uns aux pelles et pincettes, les autres aux queues de billard ; pour ma part, j'avise dans un coin une vénérable épée à coquille, dont la lame, pareille à une broche, devait être contemporaine de l'immortelle aiguille à tricoter de ma grand'mère. Je me campe fièrement sur la hanche, la pointe de l'épée sur la pointe du soulier, et, pendant quelque temps, j'admire les bonds, les sauts de clown, les miracles d'équilibre de ceux qui touchent le sol ou qui sont juchés sur les chaises et les meubles. C'était un tapage infernal ; les éclats de voix se mêlent aux éclats de rire, quelques jurons même tonnent au milieu du bruit. La porte de la salle à manger, donnant sur le vestibule, s'entr'ouvre ; les gens, ne sachant à quoi attribuer ces cris féroces, accourent effrayés ; un immense et unanime cri : « Fermez la porte ! » met le comble à leur stupéfaction, et la poursuite recommence de plus belle.

La chauve-souris, fatiguée, abaissait son vol ; ses voltes et ses crochets devenaient moins rapides ; j'assure mon épée dans la main, et, au moment où elle se dirige de mon côté, j'allonge au hasard un furieux coup de ma Durandal. Un cri d'angoisse, un cri humain, nous fait tressaillir, suspend tous les mouvements et m'oppresse la poitrine ; nous nous précipitons vers le fond de la salle, où Frédéric S... venait de saisir vivement une serviette et étanchait le sang qui inondait sa figure.

Notre stupeur et ma crainte de l'avoir blessé se changèrent bientôt en un fou rire : la chauve-souris, coupée par le milieu, gisait à ses pieds, après l'avoir frappé en pleines lunettes.

Ce fut à grand'peine que j'évitai les honneurs du triomphe et que je regagnai modestement ma place.

« Ah ! pour un joli coup, c'est un joli coup ! disait Frédéric ; mais, saperlotte ! deux pouces plus bas, et je mangeais de la rate-pennée! (Chauve-souris se dit, en languedocien, *ratapennada*.)

« Servez à boire, et du marsala! »

Au milieu de ces sports et de ces joies, le temps s'écoulait rapide. Bientôt vint sonner l'heure de la séparation : les uns s'envolèrent vers Paris, les autres regagnèrent leurs provinciaux foyers ; mais, comme toujours, avec promesse formelle de se retrouver aux chasses prochaines.

Pendant son séjour d'hiver à Paris, Frédéric S... avait mis le plus grand secret à accomplir un projet qu'il mûrissait depuis longtemps et dont la réalisation devait combler nos plus vifs désirs. Jugez de notre bonheur en apprenant que nous chasserions cette année, non plus le lièvre timide, mais le féroce sanglier! Par quel miracle? nous n'en savions rien. Aussi attendions-nous avec la fièvre de l'impatience l'heure du rendez-vous.

Bientôt deux breacks à quatre chevaux nous emportèrent, et, quelques heures après, nous touchions à la terre promise. Les trompes des arrivants et des arrivés entrecroisaient dans les airs leurs bruyantes fanfares ; mais, comme dans l'enthousiasme, chacun soufflait *ad libitum*, c'était un affreux charivari auquel s'ajoutaient les hurlements des chiens courants et les aboiements saccadés des chiens d'arrêt et des lévriers, dont les nerfs étaient fortement agacés ; mais peu nous importait, nous respirions le même air que les sangliers, nous les cherchions partout... Où étaient-ils? Certainement, sous les plus sombres fourrés des bois. Combien étaient-ils? Nous ne le demandions même pas. L'essentiel était d'arriver vite au lendemain; pour cela faire, chacun se hâta de faire disparaître les couches épaisses de la poussière des routes languedociennes, et ce n'était pas une petite affaire, je vous assure : seuls peuvent le savoir ceux qui ont parcouru la route entre Montpellier et Lunel.

J'ai souvent entendu des touristes nier ce que les poëtes affirment et chantent dans leurs vers, à savoir : que les routes du Midi sont bordées de lauriers roses, de grenadiers, de tamarins en fleur; que l'églantier marie sa rose charmante aux odorantes étoiles de la clématite, que la modeste violette embaume le pied des renoncules et des narcisse, que le coignassier mêle ses fruits d'or aux amandiers argentés. Tout cela est vrai, et pourtant les uns et les autres ont raison : les poëtes, parce que fruits et fleurs existent réellement et en grand nombre; les touristes, parce qu'ils n'ont pu ni les voir, ni les reconnaître, cachés qu'ils sont sous le manteau blanc de la poussière calcaire soulevée en nuages immenses par le roulement des voitures, et surtout par les pieds des milliers de moutons qui sillonnent incessammment les chemins. Au bout d'une heure de marche, bêtes et gens arrivent à former un type, une race nouvelle, que Buffon, Cuvier, Audubon, n'auraient pu classer. Je défie de reconnaître à vingt pas le chien d'avec le mouton. Quant au berger, on voit un bipède, voilà tout.

Après les ablutions, nous descendîmes dans l'immense salle à manger où nous attendait un dîner de réception mirifique; les heures s'écoulèrent rapides au milieu des toasts et des éclats de rire; puis, à onze heures, comme dans la chanson de M. de Marlborough, chacun fut se coucher.

La première mesure du réveil-matin, sonnée par les trompes, trouva tout le monde debout. Les chevaux sellés nous attendaient, les chiens accouplés paraissaient impatients et pleins d'ardeur. La matinée présageait un temps admirable : de larges bandes d'or et de nuages frangés de pourpre resplendissaient à l'orient. Les perdreaux rappelaient dans les vignes, les cailles dans les luzernes et dans les blés; mais cette musique, d'ordinaire si mélodieuse, nous impressionnait médiocrement; nos regards, nos pensées, se portaient vers le bois où Milou, devenu piqueur en chef, avait dû certainement aller frapper à la brisée.

A notre grand étonnement, il sortit tranquillement de la cuisine de la ferme, et vint au rapport.

« Qu'y a-t-il de nouveau? lui demanda Frédéric S...

— Rien, Monsieur; tout est en règle.

— Et Thomas?

— Thomas est dans le grand bois depuis trois heures du matin.

— Où l'as-tu mis?

— Aux grands chênes, pour qu'il ne s'éloigne pas trop.

— C'est bien. Allons, à cheval, Messieurs, et partons. »

Le rapport était terminé, à ce qu'il paraît, mais de sanglier il n'en avait pas été question. Un espoir nous restait : ce Thomas, que nous ne connaissions pas, était sans doute un des nouveaux valets de chiens, qui, après avoir rembuché l'animal, viendrait nous en donner des nouvelles; mais, en entrant dans les grands taillis, les chiens furent découplés au premier coup de voix; la trompe de Milou entama un splendide bien-aller; quelques secondes après, la vue, puis, au milieu d'un concert formidable, l'émouvante fanfare du sanglier... nous étions en pleine chasse!

A cent pas les branches craquent, le fourré s'incline, s'ent'rouvre : un énorme sanglier s'élance, les soies hérissées, l'œil flamboyant, et suivi de la meute entière.

Quel beau spectacle!

Une longue et sombre allée, qu'un joyeux rayon de soleil éclaire de loin en loin; un grand solitaire piquant droit sans chercher le couvert; vingt chiens bien allant, bien gorgés et chassant à vue; cavaliers la trompe en sautoir, la cape en tête; chevaux hennissants et pleins de feu...

Oui, c'était un beau spectacle!

Les grands bois sont franchis, les taillis disparaissent à leur tour, et le sanglier va toujours droit devant lui. Dans les vignes aux ceps étalés sur le sol et enchevétrés d'une façon inextricable, chiens et chevaux sont bientôt distancés ; le sanglier disparaît dans un pli de terrain, mais la chasse ne se ralentit que par suite des obstacles multipliés : la voie est fraîche et les chiens courent avec d'autant plus d'ardeur, qu'ils sentent qu'ils perdent leur avantage. Les bruyères succèdent aux vignes, la chasse tourne sur la gauche : il est clair pour tous que le sanglier va se jeter dans les marais, et comment l'y suivre ?

Mais non ! une trompe résonne sur la lisière du bois ! écoutez ! La vue ! et quelques minutes après la fanfare de l'eau, nous repartons vivement, les chiens sont rentrés sous bois.

« Messieurs, s'écrie Frédéric, le sanglier a pris l'eau à la grande mare ; Milou va nous sonner l'hallali sur pied.

— Et Thomas, où diable est-il ?

— Aussi à la grande mare. »

Les chiens ont disparu dans les taillis ; nous les suivons aussi vite que possible, au milieu des ronces et des églantiers, et nous débouchons bientôt dans la clairière, où nous attend un spectacle des plus étranges. Le sanglier est couché de tout son long sur le bord de l'eau : il souffle de temps en temps et lève la tête à notre approche, mais reprend vite sa première position ; les chiens boivent, ou prennent un bain dans la mare, ou sont mollement étendus sur l'herbe fraîche, et tirent la langue paisiblement ; Milou descend de cheval, se pose carrément devant le sanglier, embouche sa trompe et sonne à pleins poumons un brillant hallali par terre, auquel nous répondons par un éclat de rire homérique.

Après la dernière note, il détache son fouet, s'approche du sanglier :

« Allons , Thomas, mon garçon, debout et en route ; allons déjeuner. »

Vous jugez de notre joie, nous tenions enfin ce Thomas si demandé ; au claquement du fouet il se mit tranquillement sur ses quatre pieds, on lui passa un beau collier ; les chiens furent accouplés, et chasseurs, chevaux, chiens et sanglier rentrèrent au logis dans un pêle-mêle des plus fraternels.

Le départ avait été magnifique, la chasse menée rondement ; le retour fut pittoresque, joyeux, mais un peu en dehors des règles cynégétiques. Le bon Dufouilloux, à cheval sur les principes, aurait exigé la curée : nous ne demandâmes rien que l'espoir de recommencer.

Les plaines et les bas pays qui avoisinent le Rhône sont régulièrement sous l'eau deux ou trois fois par an ; mais ces inondations périodiques, loin de leur porter préjudice , sont un bienfait immense pour les riverains : les eaux, chargées de limon et de détritus nourrissants, laissent sur les terres des dépôts souvent de plusieurs pouces d'épaisseur, qui remplacent le fumier et donnent une telle fertilité, que, dans beaucoup de cantons, les coupes de luzerne se font jusqu'à sept ou huit fois dans l'année ; mais, en revanche, certaines époques ont laissé de terribles souvenirs que rappellent incessamment les traces non encore effacées de l'envahissement des eaux.

Des digues rompues, des champs, des vignes fertiles disparus sous un mètre de sable ou de cailloux, des maisons éboulées ou crevassées, des oliviers, des mûriers arrachés et transportés à des distances immenses...

Les grandes inondations de 1840 peuvent compter au nombre des plus désastreuses : le Rhône couvrait non-seulement la Camargue, mais encore, après avoir renversé, ruiné, dispersé les digues de Beaucaire, répandait ses flots jaunes et torrentueux jusque sous les remparts d'Aigues-Mortes, qui, avec son enceinte féodale, ses portes massives et calfeutrées de terre glaise et de fumier, évitait à peine les périls de la submersion ; les plaines étaient changées en lacs ; les toits des fermes, la cime des arbres pointaient seuls au milieu de ce déluge.

Les bateaux étaient devenus les seuls moyens de communication, et les parties élevées, à l'abri de l'invasion des eaux, servaient de refuge non-seulement aux habitants et aux troupeaux, mais à tout le gibier du pays

Les hôtes étaient peu nombreux au château d'Espeyran ; nous avions bien su que le Rhône débordé causait de grands dommages aux riverains, que le canal de Beaucaire, quoique les écluses du Rhône fussent fermées, était plein jusqu'aux bords, mais nous pensions à une crue un peu plus forte qu'à l'ordinaire, sans nous attendre aux périls que courait une nombreuse population de travailleurs et de propriétaires.

Un matin, en ouvrant les volets de mes fenêtres, je crus être le jouet d'une illusion : les riches vignobles, les vertes prairies coupées de frais ruisseaux et de saules chevelus, les pâturages salants, les marais aux joncs d'un vert sombre, les panaches ondoyants et argentés des longs roseaux, les tamarix aux feuilles vaporeuses, tout avait disparu sous un linceul jaune et bourbeux : à deux cents mètres des bâtiments de ferme et aussi loin que la vue pouvait s'étendre, c'est-à-dire sur un immense horizon, la vue ne se reposait que sur un liquide sans nom, sans marche déterminée, mais progressant lentement, avançant toujours, franchissant ou renversant tous les obstacles... c'était horrible et majestueux ! A la première impression succédait une sorte de terreur et d'admiration inexprimable.

Un incendie ! les cris : Au feu ! au feu ! causent un instant d'horripilation, de crainte folle, ardente, *irrépressible ;* mais l'inondation ! oh ! le cœur ne bondit pas ; le sang n'afflue pas aux tempes, non ! on se sent envahi, oppressé, éteint ; ces eaux lentes qui montent, qui viennent mollement caresser les pieds de celui qu'elles vont engloutir, fascinent, glacent, donnent le frisson : mourir noyé !!!

Autour de la maison, tout était confusion : l'éclusier du canal, à l'aide d'un bateau, déménageait au plus vite ; ses poules, une chèvre et un chat juchés sur le toit de sa maison, attendaient son retour avec les signes d'une profonde anxiété.

Des bergers et gardians étaient arrivés pendant la nuit, chassant devant eux moutons, chevaux et taureaux sauvages, et ayant couru de grands dangers ; heureusement nul n'avait péri : hommes et bêtes étaient désormais sains et saufs. Ils nous dirent que, vers les onze heures du soir, des exprès envoyés de Beaucaire dans toutes les directions avaient en hâte traversé le pays, en avertissant que les digues étaient rompues et que les eaux, se précipitant par les brèches, ne tarderaient point à arriver ; alors chacun s'était sauvé au plus vite, en emmenant ou emportant ce qu'il avait de plus précieux.

Les lièvres et les lapins qui avaient pu échapper à la mort par asphyxie, les perdreaux qui n'avaient pas eu une trop longue volée à faire, fraternisaient dans les bois et les vignes avec les anciens commensaux ; mais ces hôtes étaient peu incommodes, tandis que des légions de rats, souris, mulots, couleuvres de toutes dimensions, grillons et sauterelles, tombèrent sur les champs préservés, comme l'une des plaies d'Egypte.

Les pourceaux, les chiens même, se livrèrent à des chasses continuelles ; mais ils renoncèrent vite à poursuivre rats et mulots, quand ils s'aperçurent que le bord de l'eau était couvert de plus d'un demi-pied de détritus et d'animaux de toute sorte récemment noyés, et qui ne leur donnèrent que la peine de les croquer.

Les oiseaux nageants couvraient de longues étendues, et, à chaque instant, de nouveaux bataillons accouraient de tous les points de l'horizon ; pendant les premières heures, le spectacle était si émouvant que personne ne songea aux fusils.

Au déjeuner il ne fut question que de digues, d'inondations, de pronostics pour les récoltes pendantes ou prochaines ; mais après, je remplaçai mes guêtres et souliers par les bottes de marais, allumai un cigare, et, suivi de ma chienne, je partis pour le bois avec l'intention de me rendre bien compte de la hauteur des eaux, et des dangers qui pouvaient menacer les terriers des lapins.

J'entrai dans les jeunes tailles qui avoisinaient les marais ; elles étaient à peu près à sec, sauf les endroits bas qui étaient recouverts de deux ou trois pouces d'eau. Après avoir fait une dizaine de pas, j'allais rentrer sous bois et me diriger vers les terriers, lorsque ma chienne tomba en arrêt devant une touffe de joncs. Le taillis était clair-semé, mais les herbes et les joncs poussaient vigoureusement autour des flaques d'eau peu profondes. A peine avais-je fait un pas, que cinq bécassines s'enlevèrent en crochetant. Après mes deux coups de feu et pendant que ma chienne rapportait, un concert de cris poussés par d'innombrables bipèdes retentit sur toute la lisière du bois ; à droite , à gauche, par devant, par derrière, s'envolent canards, sarcelles , hérons, grands et petits butors : c'est à ne savoir auquel s'adresser, et je n'ai plus rien dans mon fusil !

Tout en rapportant la seconde bécassine, je vois ma chienne, excellente bête, la queue raide, l'œil fixe et la patte en l'air : je recharge en hâte , et une poule d'eau, puis un râle, viennent prendre place dans mon carnier.

Avant d'avoir parcouru deux cents pas, 'avais tué vingt-sept pièces ; au bout d'une heure, je n'avais plus un seul grain de plomb dans mes sacs et je courus au château renouveler mes provisions.

Mes coups de fusil avaient éveillé l'attention de nos chasseurs, qui, sous les armes, étaient prêts à venir me rejoindre. Lorsqu'ils m'aperçurent, je fus assailli de questions, d'exclamations, auxquelles je ne pouvais répondre tant j'avais couru ; les seuls mots que je prononçais sifflaient dans mon larynx :

Bécassines... râles... canards... beaucoup de poudre, beaucoup de plomb... Ne partez pas sans moi... je vous conduirai... je reviens, attendez-moi !

Je donnai mon fusil à l'un des gardes pour le démonter, le laver prestement , pendant que j'allais remplir poire à poudre et sacs à plomb.

Mes compagnons, pour tromper leur impatience, contemplaient les pièces abattues, et un quart d'heure après, nous partions tous ensemble pour recommencer le feu. Pendant cette journée exceptionnelle, j'ai été témoin de plusieurs faits dignes d'être racontés.

L'un de nous avait pris un petit bateau pour visiter les îlots et les digues dont le haut pointait de loin en loin au-dessus des eaux ; il avait pris terre à environ deux cents mètres vis-à-vis de moi ; mon attention fut attirée par ses deux coups de feu, et je vis une nombreuse compagnie de perdreaux, volant lourdement, rasant l'eau péniblement, se diriger vers une pointe de terre placée à quelques pas sur ma droite ; mais avant d'avoir pu l'atteindre, les forces les trahirent : leurs ailes restèrent étendues, et, au bout de leur élan, ils tombèrent à l'eau les uns après les autres ; les plus vigoureux firent un effort désespéré, pointèrent en l'air, le cou tendu ; leurs jambes pendantes témoignaient de leur faiblesse, et ils subirent le même sort que les premiers : au contact de l'élément perfide, ils redoublèrent d'énergie, se débattirent, mais au bout de quelques instants leur tête se pencha en arrière, puis, par un mouvement brusque en avant, plongea tout entière, et peu après ils restèrent étendus sans mouvement, frappés d'asphyxie. Quelques-uns vinrent ainsi périr à dix pas du bord, pas un n'en réchappa, et je n'eus que la peine de les prendre à la main, ou de les envoyer chercher par ma chienne. Ils avaient, sans aucun doute, fourni de longues volées pendant la nuit ; peut-être arrivaient-ils des plaines de la Camargue ; dans tous les cas, ils avaient toute la rigidité des muscles que produit une grande fatigue : ils étaient forcés.

Les hérons, les butors, marchaient d'un pas grave, ou tenaient l'affût dans les eaux basses ; plusieurs avaient été tués ; ceux qui n'étaient que blessés se défendaient vigoureusement, et le chien de l'un de nos chasseurs fut grièvement atteint ; voici dans quelles circonstances :

Pendant que gens et chiens prenaient un instant de repos, que les taillis ne retentissaient plus du bruit incessant de la fusillade, deux hérons, confiants sans doute dans le silence de la terre ferme, vinrent s'abattre à quelque distance et disparurent en s'abritant au milieu des joncs épais et touffus. Nous nous déployâmes aussitôt en demi-cercle, et quelques minutes après les deux oiseaux pêcheurs n'avaient que le temps de s'enlever et retombaient, l'un foudroyé, l'autre avec une aile cassée. Les chiens s'élancent ; mais le héron blessé, en les voyant accourir, se jette sur le dos, les pattes ramassées, le cou rentré dans les épaules, l'œil ardent, les plumes hérissées. Cette attitude hostile réveille la prudence des chiens expérimentés, qui vont se disputer l'honneur plus facile et moins dangereux d'apporter le défunt à leur maître ; mais un superbe braque, jeune et vaillant, sans écouter la voix qui veut le rappeler, se précipite en avant, ouvre la gueule et recule aussitôt en poussant un hurlement de douleur. Le héron, d'un coup de son bec acéré comme un poignard et lancé comme par un ressort d'acier, avait traversé de part en part la langue et la peau de la mâchoire inférieure de son trop téméraire ennemi. Cette blessure, quoiqu'elle eût beaucoup saigné, fut très longue à guérir : l'enflure de la langue était devenue telle, que l'on ne pouvait nourrir le pauvre chien qu'en lui faisant avaler du bouillon. Il était devenu maigre et faible, et ne put chasser de tout le reste de la saison.

Ce premier jour de chasse eut des résultats fabuleux ; chacun rivalisait d'ardeur et d'adresse ; les moins habiles tireurs firent des prouesses dont ils ne se seraient jamais crus capables. Jusqu'à l'heure qui nous rappelait au château, l'inondation et ses périls n'occupait plus personne ; la poudre nous avait tous exaltés, et lorsque les carniers furent vidés devant tous les gens du château et de la ferme réunis, ce fut un cri général d'étonnement et de joie. Un ornithologiste en aurait eu pour six mois avant d'avoir pu classer par familles tous les quadrupèdes et bipèdes passés de vie à trépas.

Après la chasse du jour, c'est à peine si je pris le temps de dîner, car la chasse du soir me réclamait, et l'affût aux canards avait pris des proportions grandioses. Ce n'était plus cette attente patiente, ces longues heures passées au milieu des joncs dans l'espérance souvent déçue de tirer deux ou trois coups de fusil.

L'inondation ne faisait plus de progrès, mais se maintenait au même niveau ; les eaux jaunes et boueuses déposaient peu à peu le limon, engrais bienfaisant qu'elles avaient enlevé aux terres fécondes, creusées et ravinées par les courants impétueux. Les étangs d'Escamandre et de Vauvert avaient atteint un tel niveau, que les canards et les macreuses, ne trouvant plus leur nourriture habituelle, cherchaient, en vols considérables, les endroits où l'eau était moins profonde, et leur instinct les guidait sûrement.

Le premier soir, leur effroi était tel, que longtemps après que la nuit était tout à fait noire, on entendait aller et venir dans les airs les sarcelles et les canards, dont pas un ne s'abaissait sur les eaux ; en termes du pays, ils battaient *l'entifle*, c'est à-dire poussaient des reconnaissances avant de s'exposer au danger : la faim est un auxiliaire puissant pour le chasseur ; il fallait attendre.

Monté dans un négafol, je parcourus jusque fort avant dans la nuit les abords des grands champs inondés, les marais, dont les plus hautes cimes des roseaux indiquaient seules la place ; les digues du canal et celle d'une grande roubine apparaissaient comme des îles au milieu de cet océan, qui, dans la nuit, prenait d'immenses proportions. Je n'avais pour me guider que les lumières du château, qui tremblotaient au loin comme le feu de nuit placé en tête du mât d'un vaisseau. Je n'avais rien à redouter, et pourtant ma pensée se reportait sur les pauvres naufragés, séparés d'une mort horrible par l'épaisseur d'une mince planche, n'ayant d'espoir qu'en Dieu et leur courage.

J'entendais distinctement au-dessus de ma tête, mais à une assez grande hauteur, le sifflement particulier des ailes des canards fendant l'air rapidement ; je mis pied à terre sur la digue de la roubine, qui joignait l'extrémité du bois à la grande levée du canal ; le passage des oiseaux était incessant, les bandes se succédaient sans relâche ; toutes venaient des étangs d'Escamandre, c'est-à-dire de l'occident : heureuse circonstance, qui favorisait la vue du gibier. Ce fut donc l'endroit que je choisis pour l'affût du lendemain.

Après avoir chassé toute la journée, je partis dans ma barquette, armé de deux fusils, muni d'une petite caisse remplie de charges en roseau et d'une botte de paille pour m'établir confortablement ; le soleil était encore sur l'horizon. Quand j'eus déposé tout mon attirail sur la digue, je menai mon négafol à une centaine de pas plus loin, et le laissai attaché à un piquet. Mon affût n'était pas difficile à construire : je m'installai sur le penchant opposé au côté par où les canards devaient arriver ; une touffe de joncs me permettait de lever la tête sans être aperçu ; ma caisse fut ouverte à ma gauche, mes fusils couchés à ma droite ; je me mis à genoux sur la paille étalée ; je taillai, coupai, les plantes qui pouvaient gêner mes mouvements ; puis, bien certain que tout était pour le mieux, j'allumai un cigare et j'attendis patiemment l'arrivée du crépuscule.

La remarque d'un effet singulier vint frapper mon esprit : dans maintes circonstances, j'avais constaté la puissante répercussion des sons que possède une grande étendue d'eau ; à un quart de lieue sur les étangs, on distingue, dans une nuit calme, non-seulement le bruit des avirons, mais même les paroles prononcées : le choc d'une rame, un objet qui tombe dans le fond d'une barque, retentit à une distance double ; un coup de fusil résonne comme la majestueuse voix d'une pièce d'artillerie. Pendant les inondations, nul son ne frappe vivement l'oreille ; l'eau paraît avoir perdu sa puissance de sonorité ; si une barque apparaît, elle glisse sombre et silencieuse comme la gondole vénitienne ; les troupeaux, les chiens, les laboureurs, qui longent les champs pour rentrer dans les fermes, passent comme des ombres muettes ; la détonation d'une arme à feu rend un son sourd, sans éclat, comme si le coup était déchargé dans un terrier. La différence est aussi sensible en plein air que celle qui existe pour la voix humaine, ou les instruments, dans une grande salle vide, ou remplie de spectateurs.

Le temps était d'un calme parfait ; nul souffle n'agitait même les gaînes si légères d'une tige d'avoine sauvage qui poussait sur le haut de la digue ; le soleil avait disparu splendide dans un lit d'or ; aux teintes de pourpre succédèrent les tons violets dans toutes leurs gradations, pour mieux faire ressortir les brillants reflets dont l'occident s'illuminait encore.

La voix mugissante du héron gris vint me tirer de ma contemplation et m'avertir que l'heure de l'affût allait bientôt sonner.

Je voyais sur la grande nappe d'eau qui s'étendait devant moi quelques points noirs, tantôt disséminés, tantôt rassemblés. Etait-ce une bande de canards? Je le croyais, mais les cris secs et métalliques qui frappèrent mes oreilles me firent reconnaître mon erreur : des macreuses nageaient ; d'autres venaient, en volant, les rejoindre, et toutes se dirigeaient vers la digue où je me trouvais ; deux ou trois plongeons, de la plus petite espèce, se livraient à leurs habitudes excentriques presque à cinq ou six pas de moi. En les regardant, je perdis l'occasion de tirer un beau coup de fusil, car un vol de sarcelles, que je n'avais pas vu venir, passa en fendant l'air comme une flèche : c'était l'avant-garde d'autres troupes plus nombreuses ; de tous les points de l'horizon, elles se détachèrent en points noirs, imperceptibles d'abord, puis, grandissant rapidement, passèrent en si grand nombre, que je ne sus bientôt plus auxquelles entendre.

Je chargeais, tirais, pour vite recharger et faire feu de nouveau ; le bruit des détonations paraissait attirer le gibier ; l'eau, autour de moi, était couverte de morts et de blessés, et je ne me décidai à quitter la partie que par l'impossibilité où je me trouvais d'apercevoir même le bout des canons de fusil.

J'avais eu la précaution de mettre dans la barque une grande lanterne d'écurie : sa lumière aidant, je pus amener à bord tous les défunts, remettant au lendemain la recherche des blessés.

Lorsque je rentrai au logis, tout le monde dormait, et quand j'en fis autant, mon lit devint une digue : le plafond se constella d'une myriade de canards, qui tombaient dru comme grêle, en faisant rejaillir l'eau jaune du parquet. Jamais je n'avais fait une aussi belle chasse.

UN GYPAËTE

Pendant longtemps, j'ai conservé dans les Pyrénées, à Axat, un gypaëte qui m'avait été apporté par l'un des gardes forestiers de mon père, et dont la capture avait offert quelques péripéties dignes d'être racontées.

Le garde Mathieu Bouichou, en faisant ses tournées dans les forêts, avait découvert sur un sapin isolé, penché sur un profond ravin, un nid de gypaëtes ; mais il était impossible d'arriver jusqu'à lui sans risquer sa vie, et quand il m'en eut parlé, je lui défendis formellement d'essayer de monter sur l'arbre et de chercher ainsi à s'en emparer.

Pendant de longues heures il avait tenu l'affût, dans l'espoir de tirer le mâle ou la femelle ; mais l'un et l'autre s'étaient toujours maintenus hors de portée.

Trois petits, couverts d'un duvet blanc et soyeux comme celui du cygne, grossissaient à merveille, et mons Mathieu avait le plus grand désir d'en venir à ses fins.

Un matin, il partit, emportant une provision de cordes ; en traversant la forêt, il mit en réquisition quatre bûcherons, et ils arrivèrent bientôt au pied du sapin.

A l'aide d'une longue perche, et après de nombreux efforts et des tentatives réitérées, une corde fut passée autour de l'arbre aussi loin de terre que possible, une autre fut nouée au tronc, à un mètre au-dessus des racines, et toutes deux furent fortement attachées à un pin mort, mais encore solidement implanté dans la terre.

La hache attaque alors le sapin, dont les éclats couvrent bientôt le sol; un balancement d'abord imperceptible, puis de plus en plus prononcé, agite l'arbre, et au bout de quelques minutes un craquement épouvantable, répété par les mille échos des montagnes, annonce au loin sa chute; mais, retenu par les cordes, il vient frapper les rochers et reste suspendu au-dessus de l'abîme.

Les trois aiglons, violemment lancés hors du nid, roulent sur la pente rapide : un seul reste accroché aux buissons, tandis que les deux autres disparaissent dans les profondeurs du ravin. Mathieu triomphait, il allait avoir les oiseaux tant convoités; mais les gypaëtes mâle et femelle accourent à tire-d'aile, plongent, et, dans leurs serres puissantes, emportent les deux plus éloignés.

Pendant ce temps, l'un des bûcherons, ôtant sa veste et ses sabots, se cramponnant à toutes les aspérités du roc, à toutes les plantes qui peuvent offrir un point d'appui, atteint le jeune aiglon et remonte sans malencontre; les gypaëtes adultes reviennent, explorent les environs en glapissant de colère et de douleur, rôdent autour des ravisseurs, qu'ils n'abandonnent qu'après les avoir vus franchir les dernières limites de la forêt.

A l'âge de douze à quatorze mois, Jack, mon gypaëte, avait atteint toute sa grandeur : son œil était fier, son bec acéré et ses pieds armés d'ongles aigus et tranchants.

Dans les magasins où l'on enfermait les huiles et les graisses pour les usines d'acier et les forges, vivaient et grouillaient des légions de rats dont plusieurs atteignaient une taille fort respectable. Les ouvriers leur faisaient une guerre incessante, et grande était la joie quand ils avaient pu en attraper trois ou quatre en vie.

Autrefois, ils les enduisaient de térébenthine, leur mettaient un papier allumé à la queue, et se réjouissaient cruellement en les voyant, entourés de flammes, courir, bondir, éperdus, et enfin mourir rôtis ; mais comme cet amusement était horrible et dangereux, à cause du voisinage des charbonnières, le directeur de nos usines l'avait interdit, et Jack était devenu l'exécuteur des hautes œuvres.

Dès qu'il avait aperçu la grande ratière, il montait sur son perchoir, glapissait et se dandinait avec des signes non équivoques de jubilation.

A peine lâchés dans la cage, les rats couraient dans tous les sens, cherchant une issue, fourrant le nez à tous les trous, le museau dans toutes les mailles : Jack les suivait de l'œil, puis sautait lourdement à terre, remontait ses ailes, se secouait. Les rats, terrifiés, se réfugiaient dans les coins les plus obscurs ; l'aigle faisait un pas et abaissait sa tête en entr'ouvrant son bec.

En voyant approcher le moment de la lutte, les rats prenaient bravement leur parti : alors commençait un véritable combat dont les péripéties variaient, mais dont l'issue n'était jamais douteuse : chaque rat à son tour, saisi par une serre puissante, recevait sur la tête un formidable coup de bec qui mettait fin à sa vie et au spectacle.

Mais qu'il était beau, mon Jack, quand il était en présence d'un serpent ! Son œil lançait des éclairs ; la tête haute, les plumes hérissées, les ailes frémissantes, il poussait des cris de défi et de colère et attaquait avec fureur.

Des journaliers, en démolissant un vieux mur en pierres sèches, aperçurent une couleuvre qui avait au moins cinq pieds de long.

Le jardinier, qui surveillait les travaux, les empêcha de la tuer, et, comme il était le seul qui n'eût pas peur des serpents, il la saisit près de la tête au moment où elle cherchait à se cacher sous les pierres et l'apporta en triomphe

Des paysans, des ouvriers de l'usine, l'avaient suivi : chacun parlait à la fois, et j'étais devant la maison pour connaître les causes de ce rassemblement, quand il sortit du groupe le plus compacte, copiant sans s'en douter le beau mouvement des

bras du vieux Laocoon, avec la couleuvre enroulée.

Quand nous arrivâmes près du gypaëte, il faisait
tranquillement sa sieste, le cou rentré dans les épaules et les yeux béatement fermés; en nous entendant approcher, il les entr'ouvrit sans changer d'attitude; mais tout à coup il se redresse de toute sa
hauteur, son corps frémit, ses serres se crispent
nerveusement; il étend ses larges ailes, pousse un
cri terrible et se précipite en avant : la couleuvre
venait d'être mise dans la cage.

Elle cherche à fuir; mais Jack est devant elle.
Elle s'enroule rapidement, lève une tête menaçante,
et ses sifflements aigus répondent à la voix stridente
de son ennemi; elle s'élance, l'enlace de ses replis;
ils tombent, se relèvent, retombent et roulent ensemble dans les étreintes convulsives d'un terrible
et silencieux combat. Les ongles de l'aigle s'enfoncent dans le corps du serpent, son bec puissant
le déchire; le sang coule, les anneaux se con-
tractent dans un suprême effort, puis se dérou-
lent mollement, et un cri de triomphe célèbre une
victoire.

LA SÈCHE

(Sépia)

—

La sèche ou seiche est un mollusque aussi horrible à voir que délicat au goût. Ses longs bras, flexibles, armés de ventouses, son corps en forme de poche oblongue, recouvert d'une peau visqueuse, de couleur grisâtre, piquetée d'un brun rouge foncé, ses habitudes agressives, sa puissance pneumatique, la manière dont elle attaque ou se défend, tout se réunit pour en faire un être à part.

Comme certains crustacés, tels que les crabes, les homards, elle a la propriété de voir repousser le membre qu'elle a perdu par accident. Aussi molle et flexible que du parchemin mouillé quand elle est au repos, elle acquiert dès qu'elle est en action une dureté et une rigidité de muscles vraiment incroyables.

Elle habite près des côtes, et choisit l'endroit où les récifs, les rochers baignés par la mer, lui offrent une retraite facile. Ses mœurs variant suivant les parages qu'elle fréquente, on a dû modifier aussi les manières de s'en emparer.

Dans la Méditerranée, où le flux et le reflux sont

insensibles, elle s'éloigne plus volontiers de son abri, que dans l'Océan. On en prend au filet de fond ; mais comme le hasard y est pour beaucoup, et que ce n'est pas une pêche spéciale, je n'en parle que pour mémoire.

Sur les côtes d'Italie et dans le midi de la France, on se sert d'une espèce de ligne de fond dont la longueur est de huit ou dix brasses. Un plomb est attaché à l'un des bouts, et à dix ou douze centimètres plus haut, un morceau de liége, fixé par un nœud en dessus et en dessous, est garni de forts hameçons qui doivent présenter de tous les côtés leurs pointes aiguës. De courtes bandes de drap rouge, solidement attachées, flottent tout autour du liége et ont pour but d'attirer l'attention du polype, toujours prêt à s'élancer sur tout objet qui passe à sa portée.

Ceux qui n'ont pas de barque à leur disposition parcourent les bords de la mer, font le tour des rochers que l'eau baigne de tous côtés, suivent les anfractuosités, s'arrêtent devant tous les trous, et promènent leur ligne en tous sens, en ayant soin de la soulever continuellement, de façon à ce que les bandes de drap imitent en se pliant et se dépliant les mouvements d'un être animé.

Si une sèche se trouve aux environs, elle accourt, agite ses bras nombreux, fond sur la proie qu'elle convoite, l'enserre, fait agir toutes ses ventouses, et quand elle croit la tenir en son pouvoir, elle cherche à l'entraîner dans quelque trou, où elle pourra la dévorer à son aise ; mais ses calculs sont trompés, sa voracité cause sa perte : les secousses qu'elle imprime à la ligne avertissent le pêcheur ; il donne un coup sec, et deux ou trois hameçons percent la sèche, qui, en se sentant piquer, redouble ses efforts de constriction, et ce n'est que lorsqu'elle est hors de son élément qu'elle abandonne l'appât trompeur, fait des tentatives pour se dégager, mais trop tard. Violemment jetée sur le sol ou frappée contre un rocher, elle reste étendue, ne présentant à l'œil qu'une masse molle et sans forme.

Quand on est en bateau, on peut pêcher un peu loin des côtes, mais toujours dans les parages rocheux et dans les endroits où l'eau est peu profonde.

Quoique cette méthode soit amusante, elle ne l'est cependant pas autant que celle que l'on emploie sur les côtes de l'Océan, entre autres à Biarritz.

Biarritz !...

Ne trouvez-vous pas ce nom charmant?

J'aimais ce nom, j'aimais ce pays avant de l'avoir vu ; il y a longtemps que j'y ai été pour la première fois ; souvent j'y suis revenu depuis : est-ce parce que le soleil y est plus radieux, le ciel pur et doux? Est-ce parce qu'avec le souffle de la tempête, la mer prend une voix puissante et parle la langue de l'Éternel? Je ne sais, mais j'y ai été bien heureux! Chaque pierre, chaque pointe de rocher, me rappelaient une communauté de pensers partagés, de longues méditations calmes et douces, quand l'immense mer venait mourir murmurante à nos pieds ; d'émotions palpitantes, de terreurs profondes, quand, sur le haut de la Roche-Percée, forcés, par l'irrésistible vent du large, à chercher un refuge et un appui, nous voyions se soulever les vagues menaçantes, qui, blanches d'écume, se poursuivaient sans jamais s'atteindre, bondissaient par-dessus les écueils, semblaient puiser une force nouvelle à l'approche des roches immuables qu'elles cherchaient à ébranler ; puis rugissantes, brisées, se tordaient dans une suprême convulsion, pour s'anéantir et s'éparpiller, réduites en blanches vapeurs qu'emportait la rafale.

Du haut de l'Attalaye, l'œil embrasse un admirable panorama ; au nord, l'embouchure de l'Adour, les plages sablonneuses des Landes et des Pinèdes, dont la sombre verdure s'estompe dans l'éloignement ; à l'ouest, le phare de Biarritz dominant un promontoire escarpé, les hautes falaises circulaires de la côte des Fous, où se creuse la grotte des Amants ; à l'est, l'Océan, l'horizon sans bornes, l'immensité ; au midi, le fond du golfe, où, pareils à deux géants, se dressent au-dessus de la vague les rochers qui défendent l'entrée du port de Saint-Jean-de-Luz ; plus loin, les montagnes élégantes d'Irun et de Fontarabie, baignant leurs pieds espagnols dans la Bidassoa ; noyés enfin dans des nuages de pourpre et des vapeurs d'or, les côtes et les pics élevés des provinces basques, le Passage et Saint-Sébastien.

Les rochers qui entourent Biarritz, composés

d'éléments divers, affectent les formes les plus bizarres : la mer les a taillés, découpés, creusés, enlevant toutes les parties friables et sablonneuses, usant ses forces contre les angles de la pierre qu'elle n'a pu entamer. Ici elle passe en bondissant sous des portiques, là elle se précipite en torrents, en cascades, et, pénétrant sous d'immenses voûtes, brise sa lame avec un bruit majestueux et retentissant comme celui du canon.

A marée haute, on pêche à la ligne de fond ou à la ligne volante ; mais, dès que la mer se retire, que les récifs, les grottes, les rochers, sont à découvert, chaque pêcheur s'arme, s'équipe, l'un pour prendre de belles crevettes dans les flaques d'eau cristalline, l'autre pour piquer avec un fleuret aiguisé et barbelé, emmanché au bout d'un bâton, les grands tourlourous, les crabes, les étoiles de mer, ou les innombrables oursins qui grouillent dans les varechs et dans chaque creux des rochers.

Quant à nous, si vous le voulez bien, nous allons à la recherche des sèches, et ce ne sera pas temps perdu, je l'espère.

Si vous craignez de vous mouiller les pieds, de glisser sur les algues, ou de vous asseoir brusquement dans quelques pouces d'eau, ou plus maladroitement sur quelque pointe de rocher, restez à *l'hôtel Monhaut*, ou fumez votre cigare sur l'Attalaye, ou au Vieux-Port, en cambrant votre torse devant les élégantes baigneuses.

Vous vous récriez ! c'est bien ; la marée est encore trop haute ; nous avons tout le temps de préparer nos armes.

Il faut à chacun de nous un roseau de trois mètres de long et un bâton de bois solide, de la grosseur du pouce et long d'un mètre. Au petit bout du roseau, nous allons attacher solidement des morceaux de linge, de drap, blancs, bleus, rouges ou jaunes, peu importe, et en ayant soin d'en laisser flotter quelques bouts : voici pour l'amorce.

Au bout du bâton, nous fixerons, avec du fil ciré, ou, mieux encore, avec du fil de laiton recuit, un fort hameçon, dans le genre de ceux dont se servent les Terre-Neuviens pour la pêche à la morue ; à Bayonne, il y en a d'excellents. Comme vous êtes novice encore, ne vous formalisez pas si je doute un peu de votre adresse à piquer tout d'abord la sèche : aussi, si vous le voulez bien, nous en placerons deux à votre bâton ; en maintenant les deux pointes un peu écartées et comme les pattes d'une ancre, si vous n'attrapez pas avec l'un, l'autre accrochera peut-être : voilà pour l'arme.

Il est bientôt temps de partir ; les cormorans arrivent de la haute mer. Regardez ce rocher aigu et dentelé en face du Vieux-Port : ils s'y rendent tous, c'est leur quartier général. Dès que cette pointe que vous apercevez à gauche sera tout à fait hors de l'eau, nous pourrons descendre sur les rochers et commencer notre opération ; mais avant, il faut que vous appreniez à vous servir de vos instruments,

et que vous reconnaissiez d'un coup d'œil les endroits où vous devez pouvoir les utiliser.

Souvenez-vous bien que jamais la sèche n'abandonne volontairement son élément, que mieux que
vous elle connaît les endroits que la mer ne doit
pas quitter, même dans les plus basses marées : ce
n'est donc pas dans les rochers complétement découverts, dans les trous qui sont à sec, que vous devez chercher, mais bien sous toutes les pierres,
dans toutes les ouvertures au-dessous du niveau de
la mer, n'y eût-il que trois ou quatre pouces d'eau.

Cette règle invariable bien comprise, dès que
vous croirez avoir trouvé un endroit réunissant
toutes les conditions voulues, approchez-vous doucement, en évitant, autant que possible, de faire du
bruit : tenez le roseau de la main gauche ; le bâton,
armé des hameçons, de la main droite. Si vous êtes
rangé dans la rare catégorie des gauchers, faites le
contraire, si vous le trouvez plus commode, je ne
vous en empêche pas. Poussez, sous le rocher ou
dans le trou, les chiffons attachés au roseau ; retirez-
les sans saccades, d'un mouvement uniforme et lent ;
puis, faites-les pénétrer plus avant, jusqu'à ce qu'ils
rencontrent le fond, et retirez-les de nouveau. S'il
n'y a rien, vous allez recommencer plus loin ; s'il
y a une sèche, vous sentez une grande résistance,
un poids assez lourd ; quand vous retirez le roseau,
vous éprouvez de brusques secousses. Si vos morceaux de chiffons ne sont pas solidement liés, vous
risquez fort de les laisser entre les bras de la sèche ;

mais s'ils sont ficelés consciencieusement comme ceux que nous venons d'arranger, vous voyez bientôt la vilaine bête hors de sa demeure : tous ses bras nombreux, toutes ses ventouses, compriment, enveloppent, sucent chiffons, ficelles et roseau. Sa longue poche traîne par derrière (c'est, j'en suis persuadé, le siége de sa puissance pneumatique, sa machine à faire le vide) ; que ce soit cela ou non, c'est là que vous devez planter votre hameçon, en passant dextrement le bâton par-dessous, le relevant vivement et le ramenant à vous par un coup sec. Vous soulevez alors, et d'un même mouvement, le roseau et le bâton hors de l'eau. Si vous avez un panier, vous y mettez prestement votre mollusque ; si vous n'en avez pas, vous le frappez violemment contre une pierre, et le tour est fait.

La sèche possède une singulière faculté : c'est de sécréter à volonté une liqueur d'un brun foncé très intense, et qui se mélange à l'eau avec une grande rapidité. Cette liqueur est placée dans une petite poche ou vessie, qui s'ouvre et répand son contenu par une contraction musculaire.

On a eu l'idée d'utiliser cette couleur pour la peinture, et tous ceux qui s'occupent d'art s'en sont servis : c'est la sépia, et c'est à Naples que se fabrique la meilleure.

Comme tous les animaux du globe, la sèche a ses ennemis : quand elle est attaquée, elle se défend avec courage ; mais si elle se sent la plus faible, ou veut éviter le combat, elle ouvre sa vessie à sépia, agite ses longs bras, s'entoure immédiatement d'un large nuage sombre, et s'esquive sans que son antagoniste puisse suivre sa trace.

Le plus redoutable de tous, le plus acharné, le plus courageux, c'est le homard ; mais ce n'est pas par esprit chevaleresque ni comme redresseur de torts, non ! il aime tout simplement la chair de la sèche, et la gourmandise est son seul mobile.

J'avais été visiter le fort de Brescou, bâti sur un îlot de rochers au milieu des flots, en face d'Agde. La mer était unie comme un miroir, et l'eau de la Méditerranée si transparente, qu'à une immense profondeur on distinguait les plus petits objets. Assis sur un rocher, au pied des remparts, j'étudiais et admirais les évolutions de milliers de petits poissons au ventre argenté, poussant, tournant, grignotant les morceaux de pain que je leur jetais, lorsque, rapides comme l'éclair, ils s'enfuirent, laissant le pain s'enfoncer lentement et sans paraître s'en soucier davantage.

Je cherchais la cause de cette panique, lorsque je vis une grande sèche rampant sur les rochers, agitant ses bras, collant ses ventouses sur les aspérités, et se halant lentement. Un rapide mouvement et un objet qui s'enfonçait dans un trou attirèrent mes regards d'un autre côté ; mais je ne vis plus rien que l'horrible polype, qui, au bout de quelques instants, était parvenu à peu de distance du trou. Tout à coup il recule, raidit ses bras d'un air menaçant et se pose sur la défensive. Un homard venait d'apparaître, et s'avançait les pinces ouvertes. Il était trop tard pour fuir, car la sèche va lentement, et le homard possède dans la queue une grande puissance de propulsion. Aussi, celui-ci se jette en avant, la saisit avec ses pinces, et tous deux disparaissent dans un nuage de sépia, au milieu duquel il était impossible de rien distinguer.

Dans certains parages, il faut éviter de se baigner aux environs des rochers et de s'y reposer : outre les oursins, dont les innombrables pointes, aussi aiguës que celles qui enveloppent les châtaignes, entrent dans les pieds et s'y cassent facilement, il est parfois arrivé qu'un nageur a été appréhendé au corps par un polype : il n'y aurait réellement de danger que si l'animal était d'une forte taille ; cependant la rencontre n'en est pas moins désagréable, et être le héros d'une pareille aventure me paraît assez ridicule.

Il n'y a qu'un moyen, et il est bien simple, de se tirer des suçoirs, ventouses et lacets de la sèche. Si cela vous arrive, n'appelez pas au secours, ne poussez pas des cris de Mélusine ; conservez tout votre sang-froid. Je vous ai parlé de la poche qui forme le corps du mollusque ; eh bien, entrez vos pouces dans le capuchon, appuyez fortement vos autres doigts en dehors et aussi loin que vous pourrez les étendre ; puis, par un mouvement combiné des pouces et des doigts, les premiers pressant en dedans, les seconds poussant en dehors, la poche se retourne comme un gant, la machine pneumatique cesse de fonctionner, le vide ne se fait plus ; vous ne risquez plus d'être noyé et dévoré.

Si vous m'en croyez, ne dédaignez pas votre adversaire mort ; emportez-le, qu'il subisse la peine du talion ! Une fois qu'il est lavé, coupé en petits morceaux, c'est un manger exquis, que vous le fassiez mettre à la poêle ou à la sauce au vin ; sans compter que si vous avez un serin ou un chardonneret, vous le rendrez joyeux en mettant dans sa cage l'os oblong qui se trouve dans l'intérieur de la poche, et contre lequel il s'aiguisera le bec tout à son aise.

CHASSE AUX FLAMANTS

(Phénicoptères)

Tout le monde connaît, sinon de vue, du moins de réputation, le magnifique échassier que l'on nomme vulgairement *flamant*, et dans le langage scientifique : phénicoptère ; mais ce que fort peu de gens savent, c'est que le midi de la France en possède pendant toute l'année des individus qui y nichent et y couvent.

J'ai eu souvent l'occasion de les étudier durant ces divers périodes.

Dans les marais qui entourent les salins de Pecquais, près d'Aigues-Mortes, si de loin vous apercevez un monticule à cime tronquée, haut de soixante à soixante-dix centimètres, dont la base plonge dans une eau peu profonde et à fond vaseux, approchez : vous verrez avec quelle habileté ce nid est construit et maçonné ; à coups de crosse de fusil vous aurez de la peine à l'entamer. Si vous êtes naturaliste, arrivez au mois de mai, époque de la ponte, vous verrez la femelle debout, les deux pieds dans l'eau de chaque côté de son nid, dont elle couve le contenu, appuyée sur son scrotum.

Les œufs sont ordinairement au nombre de trois ou quatre ; elle couve presque continuellement, replie son long col et ne s'occupe nullement de ce qui se passe autour d'elle, se reposant sur la vigilance de son mâle, qui se promène gravement à petite distance, l'œil toujours aux aguets, mais chassant les ennuis de sa faction par la pêche, dont il apporte la plus grande part à sa femelle. Un danger menace-t-il la paix de son ménage, il combat l'ennemi avec grand courage ; mais s'il aperçoit un homme, il pousse un cri aigu, et le couple s'envole aussitôt.

Dès que les petits sont en état de voler, les flamants se réunissent en troupes et ne vont plus par couples isolés, jusqu'au moment de la nouvelle ponte. Quand le jour paraît à l'horizon, ils vont dans les marais à la recherche des crabes, des anguilles et des petits poissons.

Ils se rangent sur une seule ligne comme un régiment en bataille, et s'avancent de front, après avoir placé en sentinelle, aux deux extrémités de la ligne, deux vieux mâles qui, pendant tout le temps de leur faction, restent immobiles sur un monticule ou sur la berge d'un canal, de façon que rien ne puisse leur échapper ; au bout d'un certain temps, ils sont remplacés par deux autres, et ainsi de suite. A voir de loin cette longue file d'un rose vif, avec des ailes couleur de feu et noir brillant, on croirait voir un bataillon anglais avec l'uniforme rouge, et manœuvrant avec régularité.

J'étais arrivé pendant le mois de janvier à Pecquais, chez un de mes bons et anciens amis, qui était alors directeur des salins, et qui, pendant tout le temps qu'il a vécu, a été protégé par saint Hubert, car c'était un noble cœur et un fin chasseur.

Le froid était intense, la glace couvrait les marais et les étangs, sauf dans les endroits que l'on nomme *boulidous*, ce qui, en patois, veut dire trous bouillants, non que l'eau y soit thermale, mais ce sont des sources qui sourdent au milieu des marais : l'eau en est douce et ne se mêle à celle des marais salés qu'à une certaine distance. Ces boulidous gèlent fort rarement, et, lorsque les marais sont pris, les bandes d'oiseaux nageants s'y abattent en vols considérables.

L'hiver devait être rude dans le Nord, car les flamants et les cygnes étaient plus nombreux qu'à l'ordinaire ; et, chose rare, en arrivant près de la maison de mon ami de Massia, sous un pont jeté sur un large fossé, mon chien s'était élancé dans les joncs, et j'avais pu tirer, à moins de vingt pas, une outarde de la grande espèce, qui ne pesait pas moins de dix-sept livres ! J'entrais donc sous de bons auspices dans le logis de mon vieux camarade.

La soirée se passa à dresser nos plans d'attaque ; il fallait profiter de la forte gelée ; les flamants, embarrassés pour trouver leur nourriture, passaient leur vie depuis trois jours à chercher des crabes sur les talus des digues et des fossés ; il devenait donc plus facile que jamais de les approcher.

Un peu avant le jour, nous étions équipés, avalions en double une tasse de café et un verre de rhum, et nous sortions pour arriver avant le soleil sur le terrain de chasse.

Un vent froid et piquant soufflait du nord : ce n'était pas le mistral, mais bien la bise, sa cousine germaine. De longues bandes, d'un rouge ardent, s'étendaient à l'horizon du côté du levant ; tout était encore dans la pénombre ; les tamaris et les roseaux s'accusaient sur le ciel en noires silhouettes ; la terre était dure comme du granit, tout était glacé autour de nous, et, à travers le sifflement de la bise, nous entendions le vol de nombreux canards qui allaient retrouver les bas-fonds de la mer.

Après avoir dépassé les dernières tables des salins, nous nous arrêtâmes, à l'abri du vent, derrière le haut talus d'un fossé qui les séparait des marais et allait rejoindre l'étang du Roi, où il déversait le trop-plein des eaux mères. Nous étions arrivés ; mais il ne faisait pas encore assez jour pour distinguer au loin : nous n'avions donc qu'à attendre, en fumant philosophiquement un cigare.

L'aube parut enfin, et nous pûmes voir sur la glace, au milieu de l'étang du Roi, à une portée de canon, une quantité considérable de grands oiseaux dont on ne pouvait distinguer encore les couleurs, mais qui, d'après leur forme et leur manière de marcher, ne pouvaient être que des flamants.

Dans le marais qui s'étendait à nos pieds, il y avait deux boulidous, et nous pensions qu'ils viendraient y chercher fortune : dans ce cas, nous devions nous glisser sur la glace, en profitant de toutes les touffes de joncs, de tous les fossés qui pourraient nous abriter. Dans l'un des trous non glacés nageaient, au milieu des bandes de canards et de macreuses, trois cygnes dont le blanc d'argent tranchait vigoureusement sur le fond noir qui les entourait ; mais nous n'avions pas affaire à eux pour le moment ; nous chassions les flamants ; il nous fallait nos flamants !

Comme tous les oiseaux aquatiques montent au vent, ils devaient nécessairement se rapprocher de nous. En effet, ils s'étaient rangés en bataille, et chacun, après avoir fait sa toilette matinale, s'acheminait gravement vers les marais. Arrivés à une digue qui coupait perpendiculairement la nôtre, à environ deux cents pas plus en dessous du côté de l'étang, ils s'arrêtèrent, les sentinelles furent placées, et nous pûmes compter dans la troupe une trentaine d'individus parmi lesquels nous distinguions les jeunes à leur couleur gris-cendré teinté de rose : car ce n'est que lorsque le flamant est adulte que ses plumes prennent ces belles teintes écarlates qui ressortent si admirablement sur le noir des grandes plumes des ailes.

A l'aide de leur grand bec et de leurs fortes pattes, ils retournaient les mottes de terre pour chercher les crabes et les vers ; nous devions tenter de les attaquer en ce moment, et nos dispositions furent prises à l'instant : je devais me glisser en rampant sur les genoux et les mains, pour arriver aussi près d'eux que possible, et longer la berge opposée à celle où ils étaient établis, tandis que de Massia les contournerait en suivant un fossé assez profond qui, partant de l'étang, venait rejoindre la grande digue à une demi-portée de fusil au-dessous d'eux ; ils devaient ainsi être pris entre deux feux.

Je ne devais me mettre en marche que lorsque de Massia serait arrivé aux deux tiers du parcours, et j'attendais impatiemment l'instant où je le verrais apparaître dans une coupure du fossé qu'il devait parcourir. A peine y fut-il parvenu, que je m'avançai en suivant la méthode indienne, poussant ma carabine sur la glace, tantôt rampant sur les genoux et les mains, tantôt complétement étendu et n'avançant qu'à l'aide de mes coudes et de mes orteils, soulevant de temps en temps la tête avec la plus grande précaution. J'apercevais à près de cent mètres une partie du col de la sentinelle la plus avancée de mon côté ; encore une trentaine de pas et je ne pouvais manquer d'être aperçu : la digue était coupée par une martelière (emplacement pour une vanne), la glace s'étendait devant moi sans un jonc, sans un seul roseau pour me cacher ; que faire en un cas pareil ? Si je restais, il était probable que les flamants, en s'envolant, passeraient loin de moi ; si j'avançais, il y avait cent à parier contre un que toute la bande allait s'enfuir à tire-d'aile ; il fallait pourtant prendre rapidement un parti. J'avais ouï dire que le phénicoptère est curieux et s'effraye

difficilement quand il ne voit pas la forme humaine :
je me décidai à en tenter l'expérience.

Le long de la berge que je suivais, des morceaux
de glace étaient en partie soulevés : j'en saisis un
d'environ quatre pouces carrés et le lançai sur la
glace unie, à travers la coupure. Il partit en faisant
entendre ce sifflement strident que tout le monde
connaît ; le cri d'attention des sentinelles y répondit, toutes les têtes furent relevées à la fois, mais
les ailes ne s'ouvrirent point : le bataillon se tint immobile, l'œil curieusement fixé sur l'objet mouvant
qui glissait devant lui. Je mis à profit l'heureux résultat de mon idée et traversai le terrain découvert
aussi vite que ma position pouvait me le permettre ;
j'étais à l'abri derrière le talus de la digue avant que
le morceau de glace fût complétement arrêté. J'arrivai peu à peu si près des flamants, qu'il m'eût été
facile de les tirer ; mais, certain de pouvoir le faire,
je devais attendre l'arrivée de de Massia.

Pendant les minutes qui s'écoulèrent, je pus entendre les flamants sifflant, jabottant, se faisant part
enfin de leurs impressions du moment, car je suis
sûr maintenant qu'ils causent entre eux.

Tout à coup, un cri sonore d'avertissement se fait
entendre, les longs cols se redressent, mon cœur
bat à coups précipités : de Massia doit être bien
près ! Deux formidables détonations retentissent,
la troupe s'envole en poussant des cris de terreur
qui redoublent bientôt, car, à mon tour, je sème
la mort dans les rangs déjà épouvantés : trois fla-

mants gisaient devant moi, c'était bien !... mais de Massia avait-il aussi bien réussi?

Je m'élance sur le talus : il rechargeait tranquillement son fusil; je jette mon bonnet en l'air, en élevant triomphalement trois doigts. Sans daigner me répondre, il sourit dédaigneusement, et d'un geste d'empereur me montre la berge couverte de victimes; il en avait abattu neuf!!!

Si un certain nombre de phénicoptères ne quitte jamais le Midi, il ne faut pas en conclure que les étangs et les grands marais ne reçoivent pas de nouveaux arrivants, car le flamant est un animal de passage. D'où vient-il? d'Égypte, d'Afrique, de Sardaigne? nul ne le sait ; mais, dès le mois de novembre, surtout quand l'hiver s'annonce rigoureux, les troupes se complètent, s'augmentent sensiblement.

Les émigrants se réunissent aux sédentaires; les régiments à uniforme blanc, rouge et noir, voient leurs cadres remplis par des recrues généralement adultes, mais qui, n'ayant probablement jamais été au feu, sont moins au fait des manœuvres stratégiques et se laissent plus facilement surprendre par l'ennemi : aussi n'est-ce qu'au bout d'un certain temps que l'incorporation des détachements s'opère définitivement. Les premiers jours se passent à s'étudier réciproquement; les nouveaux venus s'abattent à quelque distance des sédentaires, qui se tiennent sur la réserve, s'éloignent au petit pas, sans affectation; puis, peu à peu, la confiance s'établit, le premier rapprochement s'opère avec prudence : dès lors, la glace est rompue, les rapports deviennent journaliers, affectueux, intimes.

Ne dirait-on pas que, porteurs de l'uniforme anglais, ces oiseaux en ressentent l'influence ! N'est-ce pas le vrai gentleman, qui n'aborde et n'adresse jamais la parole à celui qui ne lui a pas été officiellement présenté ? Témoin cet Anglais qui, dans un café, voit son plus proche voisin dont la redingote brûlait, et qui, appelant le garçon, lui dit lentement :

« Gââçon, disez à ce môsieu que dépuis oun demi-hœur, son habit brioulait... »

Les phénicoptères de passage demeurent une partie de l'hiver dans les endroits qu'ils ont d'abord choisis ; ils ne dépassent jamais la ligne tracée au nord par les étangs et marais salés qui bordent la mer Méditerranée, et ne se trouvent que dans certaines localités, toujours les mêmes, à moins que les chasseurs ne les poursuivent journellement, ou que la nourriture ne vienne tout à coup à leur manquer : alors tous changent de canton, mais reviennent, dès qu'ils le peuvent, au point de départ ; c'est ainsi que l'on en rencontre parfois dans le haut de la Camargue, dans les marais qui avoisinent l'étang d'Escamandre, et quelques autres lieux.

Lorsque le vent du sud souffle en tempête, que les eaux de la mer, refoulées dans les étangs, en font hausser le niveau, ils se voient obligés de se rapprocher de la terre, et, s'ils sont forcés de prendre leur essor, ils ne sont plus maîtres de leur direction et luttent vainement contre l'élément qui les emporte. Pour mieux résister à l'impétuosité de la tourmente, ils volent bas, rasant de leurs longues pattes allongées le sommet des courtes vagues des étangs, effleurant presque le haut des digues derrière lesquelles le chasseur embusqué peut les tirer aisément. S'ils sont dans les marais, ils cherchent un abri au milieu des grands roseaux, derrière les levées en terre, près des tamaris, dont les branches entrelacées et les fines feuilles rompent la violence du vent.

Ces jours exceptionnels sont des jours, sinon de beau temps, du moins d'espérance et de joie pour le chasseur. Plus le vent est violent, soutenu, tempétueux, plus il est content; si les grains se succèdent, que lapluie tombe en cascades presque horizontales, son bonheur n'a plus de bornes; il est mouillé, trempé jusqu'aux os, mais il tient son fusil et sa poudre bien secs, peu lui importe le reste; le gibier peut venir, et par un pareil temps il n'en vient que mieux, en effet. Pour tirer les flamants, il n'est plus besoin de charger à balle, le plomb n° 1 suffit, mais il faut compter un peu sur l'expérience et beaucoup sur le hasard.

Dans le courant du mois de décembre je me trouvais en Camargue, pour la chasse. A cette époque, les fièvres paludéennes ne sont plus à redouter; ceux mêmes qui en ont éprouvé les atteintes pendant l'automne ne ressentent plus que de lointains accès.

Chaussé de la grande botte imperméable (*esti-baou*), je parcourais sans crainte ces immenses déserts coupés de lagunes, d'étangs, d'herbages humides, du sein desquels une végétation toute spéciale prend de gigantesques proportions. Avec moi, pataugeait dans l'eau et la vase, jambes nues, un ancien matelot qui, chassant d'abord par nécessité, avait senti peu à peu le feu sacré envahir son cœur, et, passionnément entraîné, ne reculait devant aucun obstacle. Il était trapu et fort, son visage intelligent s'encadrait d'un collier de barbe et d'une large et longue impériale qui lui avait valu le surnom de *Barbiche*; quant aux moustaches, il les méprisait souverainement, en vrai marin : « Ce n'est bon, disait-il, que pour des *terriens*. »

Sur un bout de sol un peu exhaussé, et abritée du mistral par la digue d'une roubine (canal), il avait élevé une habitation, chef-d'œuvre de construction et d'intelligence : l'intérieur, divisé en deux pièces, était d'une propreté admirable, qualité très appréciable, surtout dans nos pays méridionaux. Ce qu'il négligeait le plus après sa toilette, c'était sa barbiche, qui, par suite des intempéries et du contact de l'eau salée, avait pris cette teinte mordorée qui afflige tout chapeau de soie dont les campagnes et les états de service prouvent les droits à la retraite ; il avait une santé de fer, les fièvres lui étaient inconnues, et un jour que je lui demandais à quoi il attribuait pareille immunité, il me répondit :

« Les fièvres ! ça me connaît, Monsieur Louis ; j'en ai noyé une ou deux, les autres me craignent. »

Il buvait pourtant raisonnablement, mais toujours sans eau, et prenait beaucoup de café.

Un soir, le soleil s'était couché dans des nuages d'un gris sombre dont les bords seuls s'illuminaient d'une frange d'or ; la température était lourde, presque tiède ; les moucherons bourdonnaient malgré la saison avancée, et les canards domestiques, chantant à tue-tête, battant des ailes, se poursuivant, plongeant rapidement dans les eaux de la roubine, indiquaient, comme le plus sûr baromètre, un changement atmosphérique. Au sud s'élevaient, comme sortant de la mer, de longs nuages sombres qui, en se rejoignant, envahirent tout l'horizon.

Assis à l'entrée de la cabane, le menton appuyé sur la main, je contemplais en fumant cette splendide décoration qu'un peintre comme Gudin aurait pu seul immortaliser. Barbiche lavait les fusils :

« Que c'est beau ! murmurai-je.

— Oui, oui, la *parade* s'annonce bien : elle court vent arrière, nous aurons beau demain. »

Le beau temps arriva en effet. A deux heures du matin, je fus réveillé par les rafales d'un vent impétueux qui menaçait d'enlever le toit qui nous abritait, et que des torrents de pluie cherchaient à seconder dans son attaque furieuse.

« Dormez-vous, Monsieur Louis ?

— Sapristi ! ce serait difficile, avec un temps de chien comme cela.

— Un temps de chien ! c'est un vent du bon Dieu. Au jour, nous attraperons les canards avec la casquette, sans compter le reste. Je me lève, et après le café, vers les six heures, nous déraperons, et en route. »

A l'heure dite nous partions. La pluie avait cessé depuis quelque temps ; mais le ciel était sombre, des nuages de plomb semblaient courir sur nos têtes ; les demi-teintes du paysage avaient disparu : les riches couleurs d'une palette auraient été impuissantes, la nature n'était qu'une ébauche largement traitée au fusain.

Nous longions la roubine pour gagner le bout d'un petit étang dont les bords touffus devaient être le lieu de l'affût. Le jour permettait alors de bien distinguer les objets ; nous allions côte à côte, tantôt glissant, tantôt patinant sur la terre détrempée. Un canard s'enlève près de nous, je le tire, et au bruit de la détonation répond, à quelque distance, du milieu des roseaux, un son éclatant comme celui d'une trompette. Sans plus songer à mon canard étendu au milieu du canal, nous nous accroupissons d'un mouvement spontané derrière la levée : ce son que nous venions d'entendre était le cri d'alarme d'un flamant !

A l'aide du tire-bourre nous déchargeons les fusils, mais nos mains tremblantes d'émotion rendaient l'opération difficile.

Pendant que nous versions dans les canons du plomb n° 1, Barbiche me donnait ses suprêmes instructions, car lui seul dirigeait toujours la chasse :

« Vous allez, me dit-il, vous couler le long de la levée jusqu'à la martelière qui donne dans l'étang ; aux grands roseaux, vous mettrez en panne pendant que j'irai courir des bordées ; mais, avant de partir, laissez-moi m'habiller, et une fois en place, veillez au grain. »

A l'aide de son couteau, il coupa une botte de ces longues et flexibles feuilles du lis des eaux, en planta une partie dans la ficelle qui entourait la forme de son feutre gris, en garnit la ceinture de son pantalon ; son torse et sa tête disparaissaient sous ce déguisement, qui lui donnait un faux air du dieu des eaux. Quelques secondes avaient suffi pour l'habiller, comme il disait, et pour entrer dans les roseaux, au milieu desquels je l'eus bientôt perdu de vue.

Je marchai courbé, le fusil à la main, les genoux pliés, jusqu'à la martelière, et me plaçai dans une touffe de joncs dont les longues tiges me rendaient invisible sans m'empêcher de voir, laissant à quelques pas en arrière l'endroit indiqué.

Les canards, rabattus par la violence du vent, passaient au-dessus de moi à peine à une hauteur de quinze ou vingt pieds ; je n'avais de regards que pour chercher à apercevoir mons Barbiche; mais comment le reconnaître au milieu de cette végétation avec laquelle il se confondait, parmi ces hautes herbes que le vent agitait, semblables aux vagues de la mer dont la voix majestueuse arrivait jusqu'à mes oreilles? J'avais les yeux machinalement fixés sur un espace couvert d'eau, où s'élevait, à cinq ou six cents pas, une seule plante aquatique; bientôt il me sembla la voir changer de place, s'avancer lentement: était-ce un effet de la fixité du regard, était-ce une illusion causée par la distance et le vent? je ne savais. Mes doutes devinrent une certitude: la plante verdoyante avait disparu, et quelques minutes après, une bande de flamants s'envolait du milieu d'un îlot; un nuage blanc, bientôt suivi d'une sourde détonation, fit bondir mon cœur oppressé comme par une main de fer; la foudre serait tombée, la terre se fût fendue, le flot eût menacé de m'engloutir, que je n'aurais pas bougé de place.

Les flamants, un instant séparés par la terreur, se rassemblaient en tournoyant; ils essayèrent, suivant leur habitude, de piquer en l'air pour monter dans les hautes régions, mais, convaincus de leur impuissance à lutter contre la tempête, ils restèrent indécis, faisant résonner leur voix cuivrée; puis, s'abaissant peu à peu, le chef de file, suivi de tous les autres, se dirigea vers le petit étang dont je gardais les approches.

A genoux, courbé presque jusqu'à terre, retenant ma respiration, je sentais à peine que la pointe

aiguë des joncs marins m'entrait dans les chairs,
que le fer de mon fusil blessait mes mains convulsivement serrées ; les phénicoptères arrivaient, gran-
dissaient à vue d'œil ; cent pas encore, c'est-à-dire
un siècle, les séparaient de moi ; le rouge vif de leurs
grandes ailes se détachait sur le ciel sombre comme
la brillante traînée de feu d'une fusée. Ils approchent ! Dès lors les émotions de l'attente sont ou-
bliées, mon sang circule, l'air rentre dans mes poumons, je redeviens calme, je suis chasseur !

La tête de colonne passe à dix pas, je me redresse, le fusil à l'épaule ; les flamants, effrayés à
ma vue, suspendent un instant leur vol, raidissant
leurs ailes largement ouvertes, repliant leur long
col en arrière, présentant leur poitrine rose au vent,
afin de reculer ; mais, sans leur donner le temps de
changer de direction, je fais feu sur les deux qui se
trouvaient les plus rapprochés : la distance était si
courte, que les deux coups firent balle.

Barbiche arrivait au pas de course :

« Bravo ! Ah ! les martigaux ! comme ils ont raté
la manœuvre de brasse à culer ! » s'écria-t-il tout en
se dépouillant de son vêtement aquatique. Il portait, pendu par les pattes, à une branche de tamaris,
un énorme phénicoptère rouge comme le feu, le col
replié sous les ailes et proprement ficelé. Après en
avoir fait autant à mes deux victimes, il me pria de
l'attendre et reprit le chemin de sa cabane, car, disait-il :

« Après de pareilles bordées, ce que j'ai de plus sec, c'est la langue. »

Telle fut l'une de mes dernières chasses aux flamants. J'aime Barbiche, car j'espère qu'il chasse toujours, et, si vous êtes comme moi, nous reparlerons de lui plus longtemps dans un autre volume.

LES OURS.

—

Par combien de pensées de doute , de phrases
d'incrédulité, de plaisanteries plus ou moins spiri-
tuelles, n'a-t-on pas assailli la chasse et les chasseurs à l'ours !

Rappelez-vous les tempêtes qu'ont soulevées les
biftecks mentionnés par M. Alexandre Dumas. Il
n'est pourtant pas nécessaire d'aller au Texas pour
manger des côtelettes , des jambons ou des biftecks
d'ours noir ; dans les montagnes Rocheuses et les
prairies des Comanches , Sioux, Têtes plates, Pieds
noirs et autres, pour savourer une grillade de griz-
zly (ours gris) ; au Groënland ou sur les banquises
des mers polaires , pour se procurer une belle fourrure. Vous qui doutez, vous n'avez à faire qu'un
voyage de trente heures, et ce mythe, ce phénix ,
cet être introuvable, antédiluvien , je vous certifie
que vous le trouverez, que vous en reverrez par le
pied, et, qui plus est, par corps ; mais, pour cela,
il faut vous attendre à de nombreuses fatigues, à

quelques dangers, non par le fait de l'ours, si vous ne commettez pas d'imprudence, mais par la nature même du terrain.

Il existe un canton, celui d'Axat, point perdu dans la majestueuse chaîne des Pyrénées, point que quelques chasseurs seuls connaissent, où de rares touristes se sont aventurés, et qui, pour moi, réveille tous mes souvenirs d'enfance, de jeunesse et de famille; paradis heureusement ignoré de la plupart, mais qui réunit tous les genres de beauté.

L'imposant et sombre silence des forêts centenaires, la fraîcheur et le charme paisible d'une riante vallée, île délicieuse, caressée par les bras de la rivière d'Aude, qui tantôt laisse glisser ses eaux sur des sables brillants de paillettes d'or, tantôt roule impétueuse et comme impatiente des mille rochers qui entravent sa course, et que, coquette, elle a polis pour s'en faire une parure de plus.

Des peupliers, hauts comme des clochers, bordent les allées, séparent les prairies, s'élancent de tous côtés en groupes, isolés, en massifs; des frênes, des trembles, des tilleuls, des aunes, penchent et entre-croisent leurs rameaux et leurs branches puissantes sur les eaux transparentes du sein desquelles la truite agile saute d'un bond vigoureux après le papillon ou la mouche qui voltige.

Une ceinture de forêts borne le paysage : sapins, hêtres, pins, tilleuls et buis gigantesques couronnent les hautes montagnes et s'étendent sur un rayon de plus de quinze lieues.

Un village, bâti en amphithéâtre sur une colline dont le pied baigne dans la rivière, et dont le front est ceint des ruines du château féodal d'Axat, domine la vallée et offre un aspect des plus pittoresques.

Aux environs, des mines de fer, de cuivre, de plomb, de manganèse; des eaux thermales sulfureuses ou ferrugineuses, froides ou brûlantes : tous les trésors pyrénéens en un mot.

La flore y est merveilleuse, et j'ai souvent, à travers les forêts et les clairières, suivi les courses d'un botaniste italien, qui, pour son bonheur, avait un jour mis le pied sur cette terre de promission, et qui me montrait, avec toutes les joies d'un conquérant, ces précieuses plantes arrachées par lui aux limbes de l'inconnu.

Il revenait fidèlement tous les ans; mais aux premières tourmentes de la révolution italienne, personne ne l'a plus revu : peut-être a-t-il quitté la pioche du botaniste pour le mousquet du patriote, peut-être dans l'exil pense-t-il à ses chères fleurs.

A tout ce pittoresque, à tous ces aspects calmes et variés, s'ajoutent les grandes scènes de la nature, les sublimes poëmes de Dieu: les montagnes d'un seul bloc de granit, fendues à des profondeurs immenses, des gorges sombres et si étroites qu'elles laissent à peine un passage aux eaux des torrents qui écument, bondissent en cascades, se glissent rapides entre deux rochers arrachés par la foudre aux flancs des précipices.

Ici s'ouvre un cirque avec ses gradins, ses portiques et ses galeries ; là, des tours, des clochers, des châteaux : tout cela mordu, crevassé, béant, mais immuable, assis sur des fondements de granit avec lesquels il ne fait qu'un.

Pour arriver dans la vallée, ou pour en sortir, il faut traverser des défilés, nommés Pierre-Lisse, où, pendant une heure et demie de marche, le voyageur, tremblant au moindre faux pas de son cheval, n'ose suivre le bord du chemin taillé en demi-voûte dans le flanc de la montagne, et surplombant au-dessus des gouffres, au fond desquels la rivière bouillonne en couvrant d'écume et de blanches vapeurs les blocs qui cherchent vainement à entraver sa course furieuse.

Vous connaissez à peu près la nature des terrains que nous avons à parcourir ensemble ; il ne me reste plus qu'à vous donner quelques détails topographiques indispensables, et je vous dirai alors tout ce que j'ai appris sur les ours (j'allais dire nos ours, car, avant la révolution de 1793, la plus grande partie des forêts appartenait à mon père, le marquis de Dax d'Axat).

Les forêts, dont la plupart sont de haute futaie, forment un cercle parfait, dont le centre est la vallée d'Axat, mais sont souvent séparées par d'infranchissables précipices, ou par des torrents, ou par la rivière d'Aude.

Au nord, la magnifique forêt des Fanges, appartenant à l'État, limitée par la route du col Saint-Louis et la Pierre-Lisse.

A l'est, les pinouses d'Axat, appartenant à mon frère aîné, le marquis de Dax; la forêt de Fontenilles et celle d'Emmalo.

Au midi, les pentes abruptes de Quérimals, les immenses forêts du baron Albert de la Rochefoucauld, et notamment celles de Resclauses, dont les sapins ne sauraient trouver de rivaux, surtout ceux du quartier dit de Bareng.

A l'ouest, enfin, les forêts du Clat, d'Artigues et d eCailla, appartenant à mon frère et à moi, et qui viennent rejoindre les bords de la Pierre-Lisse par les bois communaux de la Pradelle.

Nous voilà donc en plein pays habité par les ours : car, ne vous y trompez pas, chacune de ces forêts, chacune de ces hautes montagnes, renferme sa tribu : tribu errante, souvent nomade, mais qui ne fait, comme les Arabes pasteurs, que changer de canton, suivant que la disette ou l'abondance la font se déplacer; tribu inoffensive, de mœurs patriarcales, mais prélevant sur les récoltes des impôts souvent onércux.

Dès les premiers jours de mars, lorsque la neige ne couvre plus que la cime des montagnes, que les vents froids du nord ne font plus tristement gémir les hauts sapins, l'ours sort de son long sommeil, secoue son engourdissement hivernal, bâille, s'étire et met le nez dehors; puis, en gentleman bien élevé, son premier soin est de courir à la source la plus voisine, au ruisseau dont l'onde est la plus transpa-

rente, et il procède à une toilette des plus minu-
tieuses.

A cette époque, les matinées et les soirées sont
encore fraîches, la gelée blanche couvre de ses
diamants grands arbres et humbles graminées ; le
brouillard, en se condensant, laisse tomber de son
voile transparent des milliers de perles que les
rayons du soleil parent des tons les plus brillants
de la palette de Dieu.

Messire Bruin commence à perdre sa chaude
fourrure d'hiver, il a des frissons, et les lieux qu'il
choisit pour y passer la nuit sont toujours bien
abrités et jonchés d'une épaisse couche de mousse
et de feuilles mortes. S'il est loin de son logis
habituel, et que le soleil s'abaisse sur l'horizon, il
cherche une charbonnière en activité, s'installe
auprès du feu et passe une nuit confortable.

Dans les forêts, les charbonniers construisent au
centre de la partie qu'ils ont à exploiter une cabane
en planches et en torchis. Ils en font leur quartier
général, d'où ils peuvent surveiller les charbonnières
qui sont en feu ; ils ne descendent dans la vallée
que les samedis au soir, entendent la messe le
dimanche au matin, font leurs provisions pour la
semaine et remontent dans l'après-midi ; mais,
pendant leur absence, la surveillance est laissée à
l'un d'eux, ainsi que l'entretien des feux.

Un samedi, les charbonniers du Clat étaient des-
cendus à Axat ; une neige fine et serrée tombait

depuis quelque temps; le jeune Bernard Pourcel était de garde, et, après sa tournée, avait en hâte regagné la cabane. La nuit arrivait; il fit bon feu dans l'âtre, mit à portée une provision de branches de pin résineux, et, assis sur un grossier escabeau, alluma tranquillement sa pipe, dont la fumée se confondit bientôt avec celle du bois qui flamboyait en petillant. Une marmite de fonte faisait joyeusement danser en bouillant les pommes de terre du souper, et sur ses flancs noircis couraient rapidement des étincelles, dont les méandres capricieux formaient sur la suie épaisse les arabesques les plus fantastiques.

La porte entrebâillée laissait apercevoir le blanc linceul qui couvrait la terre, dont la molle épaisseur amortissait tout bruit extérieur.

Le grincement des gonds rouillés, tournant sous une pression puissante, attire l'attention de Bernard; pensant que c'est un de ses compagnons qui revient, il regarde nonchalemment, ouvre la bouche pour lui demander les causes d'un si prompt retour, mais la parole expire sur ses lèvres; ses yeux, largement écarquillés, annoncent la plus profonde stupéfaction : c'est un ours !

La porte, qui s'ouvrait de dehors en dedans, retombe par son propre poids après l'entrée de maître Martin, qui, en entendant le claquement du loquet, reste un moment immobile, souffle bruyamment, secoue la neige qui le couvre, et se dirige ensuite vers le foyer.

Bernard se lève de son siége ; mais un sourd grondement le force à se rasseoir : l'ours, écartant les objets qui pouvaient le gêner, s'installe au coin du feu. Au bout de quelque temps, il ferme doucement les paupières et pousse un long soupir de satisfaction. Bernard ramène, petit à petit, ses jambes sous lui, se soulève avec le moins de bruit possible, mais un broum ! des plus accentués, le fait retomber en place. Cet importun visiteur imposait sa présence et exigeait encore la plus complète immobilité.

Les minutes, les heures se passent, le feu manque d'aliment ; Bernard étend le bras pour prendre une branche de pin : Broum !

Il tourne la tête pour chercher une hache qui doit être près de lui : Broum ! broum !

Pendant ce temps, le feu s'est totalement éteint ; l'ours éparpille les cendres, met à découvert deux ou trois charbons encore incandescents, mais qui bientôt s'éteignent à leur tour. Il se lève alors, se dirige du côté de la porte, la pousse avec la tête, mais elle ne s'ouvre pas ; il renifle, souffle, pousse, gratte avec ses ongles, passe son nez sous les planches, et essaye de nouveau. Tout à coup, il jette un cri horrible, un hurlement d'agonie, se roule dans de suprêmes convulsions, et reste immobile, nageant dans une mare de sang.

Un coup de hache lui avait brisé les vertèbres du cou : Bernard venait de lui faire payer cher les angoisses de la nuit.

Malgré son extérieur peu avenant, ses formes lourdes et à peine ébauchées, l'ours est éminemment enclin à la galanterie.

Quand il est jeune, qu'il a encore acquis peu d'expérience, son imagination trotte, vagabonde, et quelquefois la vue d'un jupon féminin l'exalte, l'enivre.

Ces rares velléités amoureuses ont donné lieu à une foule d'histoires plus apocryphes les unes que les autres, et fait croire à ceux qui ne recherchent pas les causes, que l'ours attaquait l'homme, ce qui n'est point vrai pour l'ours frugivore des Pyrénées.

Si on le blesse grièvement, et que l'on s'oppose à sa fuite, il fait comme tous les animaux, il se défend, et avec énergie; mais jamais il n'attaque le premier, et s'il a couru quelquefois après une femme, s'il l'a saisie dans ses bras, ce n'a jamais été dans l'intention de lui faire du mal, au contraire.

Quant aux enlèvements de jeunes filles, aux séquestrations de jeunes ou de vieilles femmes dans des cavernes, pendant des mois, voire même des années, ce sont des contes à dormir debout.

Une fois, une seule, un drame affreux vint répandre la consternation dans le village d'Axat. Soixante années d'intervalle n'ont pu en affaiblir le souvenir, et chaque habitant en connaît les moindres détails.

Madeleine Roche, fille d'un cordier d'Axat, était montée à la forêt de *Fontenilles* pour porter des provisions à un jeune berger qui gardait des moutons dans les grandes clairières du Roc-Rouge.

Les cimes seules des plus hauts pics étaient éclairées par le soleil, tandis que la vallée, encore dans l'ombre, était couverte du léger et transparent brouillard des nuits d'automne ; la matinée s'annonçait radieuse, et la jeune fille gravissait, avec légèreté, les sentiers abruptes de la forêt.

Sous le dôme sombre des sapins, le grimpereau à tête dorée, le bouvreuil solitaire, faisaient seuls entendre leur cri triste et monotone, tandis que dans les parties où les essences résineuses étaient plus rares, l'écureuil, le loir et le mulot faisaient craquer les coquilles des noisettes ou la dure enveloppe des faînes triangulaires du hêtre. Les merles sifflaient au soleil levant sur la cime des grands tilleuls ; les grives procédaient avec activité au dépouillement des grappes du sorbier des oiseaux, dont les baies savoureuses et nourrissantes se détachaient vermeilles et dorées sur les mille nuances de vert des arbres environnants.

Elle atteignit bientôt la fontaine de Fontenilles.

L'eau pure et cristalline tombait en mille filets d'argent du haut d'un rocher couvert des mousses les plus fraîches et les plus soyeuses ; de chaque fente, de chaque anfractuosité, pendaient jusqu'au sol les vertes pariétaires et les mille brindilles élégantes des capillaires ; les fougères se penchaient sur le bassin naturel d'où l'eau s'échappait à travers les hautes herbes, pour courir gaiement et dispa-

raître bientôt sous les buis et les ronces des ravins.

Après s'être reposée quelques instants, elle entendit dans les fourrés voisins craquer les branches.
sèches, bruire les feuilles mortes ; puis, à quelques
pas d'elle, apparut un ours de taille énorme.

Habituée dès l'enfance à ne pas redouter leur voisinage, elle prit son mouchoir et l'agita en criant :
« *Fuch, Marti!* » (Va-t'en, Martin !)

Mais l'ours s'assit et parut la contempler avec
plaisir. Elle se décida à continuer sa route ; l'ours
la suivit, mais à distance, et quand enfin elle atteignit la clairière du Roc-Rouge, il était encore sur
le sentier qu'elle venait de quitter.

Les moutons paissaient tranquillement, mais le
berger était absent. Après avoir déposé son panier
au pied d'un sapin, elle s'avança dans la clairière
en l'appelant.

Quelques instants après, les moutons lèvent la
tête, regardent du côté de la forêt, et se sauvent au
galop et la queue en l'air.

Madeleine se retourne et se trouve face à face
avec l'ours, qui, debout, l'enlace dans ses bras nerveux, et promène sa langue baveuse sur sa figure,
ses cheveux et son cou.

Elle pousse des cris d'effroi, appelle au secours.
Le jeune berger, entendant ses accents de détresse,
accourt armé de sa hachette, et, sans hésitation, se
jette sur l'ours qu'il frappe à la tête. Celui-ci recule
sans lâcher la jeune fille : les coups redoublent, le

sang ruisselle sur les yeux de l'ours, qui recule, recule toujours.

Tout à coup il disparaît, entraînant dans sa chute la pauvre Madeleine, dont le corps brisé fut trouvé gisant à côté du sien, au pied du Roc-Rouge, qui, du côté de la vallée, terminait la prairie par une coupure à pic de quarante mètres d'élévation.

Sur l'emplacement où les deux cadavres furent retrouvés, trois croix ont été gravées dans le tronc d'un buis énorme. Croix et buis existent encore.

Cet accident est affreux, sans doute, mais ne peut que corroborer ce que j'ai dit plus haut.

Si le berger ne s'était pas trouvé là pour frapper, il est sûr qu'au bout de quelques instants l'ours aurait abandonné la jeune fille, effrayée, bien certainement, mais sans danger pour sa vie.

Dans des circonstances analogues, il n'y a jamais eu de catastrophes à déplorer, et les tentatives de maître Martin ont été la cause de plaisanteries et de gais propos.

L'ours pyrénéen, qu'il ne faut pas confondre avec l'ours carnivore du Nord, dont quelques-uns font des pointes jusqu'en Suisse et dans le Jura, est essentiellement frugivore, et s'il est redouté des habitants, ce n'est qu'au point de vue de ses nombreuses déprédations.

Tout lui est bon : blé, maïs, avoine, orge, seigle, prunes, pommes, noisettes et raisins.

Quand les terres cultivées ne produisent plus rien, il se rabat sur les fruits sauvages, tels que faînes de hêtre, sorbier des oiseaux, lambrusques (raisins sauvages), airelles, appelées herbe à ours, et fait une fabuleuse consommation de fourmis et de leurs œufs.

La manière dont il procède, soit qu'il déjeune au bois, soit qu'il soupe dans les vallées, mérite d'être racontée.

Lorsque les moissons mûrissent, que les arbres sont couverts de fruits, il vit dans l'abondance ; son dos s'arrondit, son poil devient luisant ; il prend l'encolure grassouillette que l'on est convenu de n'accorder qu'aux chanoines.

Il est doué d'un brillant appétit : il mange, et mange beaucoup, c'est vrai, mais il ne détruit ni ne gaspille à plaisir.

Voici un large champ d'avoine : les chaumes sont debout ; l'aspect général annonce une belle moisson ; quelques sillons d'un mètre de largeur indiquent seuls que l'on y a pénétré ; mais quand vient le moment de la récolte, il ne reste plus que la paille, et pas un seul grain dans les épis : l'ours a passé par là, et voici comment s'est opéré ce changement de destination.

Par une nuit bien calme, par un beau clair de lune, l'ours est descendu dans la vallée, a choisi en fin connaisseur le champ dont la maturité est la plus avancée ; il en fait le tour, écoutant de toutes ses oreilles, humant l'air pour s'assurer que rien de dangereux ne viendra le troubler.

S'il entend le moindre bruit, si ses nerfs olfactifs

sont frappés d'une émanation suspecte, il se retire en se rasant le long des haies, dans les grandes ombres projetées par les rochers, et va plus loin chercher un endroit plus hospitalier.

Mais s'il croit avoir la certitude d'être seul, il pénètre dans le champ, s'assied bien tranquillement, ouvre les bras et prend, en les refermant, une gerbe d'épis qu'il presse contre sa poitrine : il n'a plus alors qu'à baisser le nez pour croquer les grains tout à son aise. Quand il ne reste plus que de la paille, il lâche les tiges, qui reprennent leur position première ; il fait un quart de conversion sur son derrière, recommence la même manœuvre, et continue ainsi jusqu'à ce que tout le champ soit glané.

Quelquefois les épis sont broyés, couchés, de larges places sont ravagées ; ne croyez pas que ce soit une scène dramatique qui ait donné lieu à pareil bouleversement ; non, c'est une ourse venue là en famille, et dont les oursons, promptement repus, se sont ébattus, un peu lourdement peut-être, en attendant que leur tendre mère ait achevé son repas.

Les ours ne viennent aux champs qui sont très près des habitations que pendant la nuit ; rarement s'y aventurent-ils de jour ; il y a pourtant des exemples à citer, surtout à l'époque où les prunes commencent à mûrir ; mais les champs et les vignes éloignés des villages sont visités sans distinction de nuit ou de jour.

Vers le milieu du mois d'août, on vint m'avertir

qu'un ours mangeait les prunes dans les jardins de la plaine ; je quitte mon déjeuner, et, suivi du jardinier, très bon tireur, nous partons au pas de course, cherchant à nous dissimuler du mieux que nous pouvions.

Malheureusement les faucheurs travaillant dans les prairies voisines avaient poussé de tels cris avant notre arrivée, que messire Bruin était descendu de son prunier et se retirait en trottinant vers la forêt, ayant fait comme moi, c'est-à-dire n'ayant déjeuné qu'à moitié.

Il procède à sa récolte de prunes d'une façon peu économique pour le propriétaire.

Si le prunier qu'il a choisi est gros et fort, il y grimpe, se pose carrément sur les maîtresses branches et les secoue avec énergie. Les fruits tombent dru comme grêle, le sol en est jonché ; verts ou mûrs, tous dégringolent ; il descend alors et a bientôt fait place nette ; mais quelques centaines de prunes ne peuvent lui suffire, il passe à l'arbre voisin. S'il est flexible et trop petit pour supporter le poids de son corps, il se dresse sur ses pieds, et, par deux ou trois puissantes secousses, ne laisse que les feuilles après les branches ; et ainsi continue-t-il à récolter jusqu'à réfection.

Le maïs surtout, quand le grain, déjà bien formé, est ce que l'on appelle en lait, est pour lui le régal suprême : aussi le cueille-t-il avec un soin tout particulier.

Assis devant chaque pied, il saisit délicatement

et du bout des dents, la cime de la fusée. Il sépare l'une après l'autre les feuilles fines qui l'enveloppent, et lorsque les grains sont à découvert il les mange sur la plante.

Si le hasard fait que maladroitement il casse une fusée et qu'elle tombe par terre, il la laisse sans y toucher.

Quelle est la raison de ce raffinement de gourmandise? Je ne saurais en trouver une bonne : le fait existe, l'explique qui pourra ; quant à moi, je ne puis que conjecturer, comme vous verrez un peu plus loin.

Mais s'il est bon d'être gourmand, il est parfois dangereux de se laisser aller à sa sensualité et de se départir, pour la satisfaire, des bonnes habitudes de la prudence.

Le 25 juillet 1857, un des paysans de la vallée de Gesse, en entrant dans son champ, planté de superbes maïs, voit toutes les têtes formant tulipe et veuves des fusées sur lesquelles reposait l'espoir de la récolte. Martin avait fait les choses en conscience. Les champs voisins n'avaient pas encore reçu sa visite et présentaient le plus bel aspect.

Le paysan avait bonne envie de se venger lui-même ; mais, ne sachant même pas charger un fusil, il prend le parti de s'adresser au garde forestier et le décide à tenir l'affût le soir même.

Dans la journée, il va inspecter les lieux, reconnaître quel est le champ où les maïs sont le plus avancés. Il ne fallait pas songer à construire un abri pour se cacher : la lune était nouvelle ; les nuits, brillantes d'étoiles, laissaient distinctement percevoir les objets, et l'ours soupçonneux n'aurait pas manqué d'éventer le chasseur.

Sur le bord du champ le plus rapproché de la forêt s'élevait un magnifique noyer, bien touffu ; le garde y grimpe, et, certain de pouvoir tirer à son aise, il revient au village, en attendant l'heure de l'affût.

Un peu avant dix heures, il était de nouveau juché dans son arbre, commodément assis dans la fourche formée par les grosses branches.

Pas un souffle d'air n'agitait les feuilles. La lune avait paru derrière les hautes montagnes, les silhouettes des grands sapins se dessinaient vigoureuses sur les pics qui pointaient sur l'horizon. Le ciel, pur de tout nuage, se constellait de myriades d'étoiles qui apparaissaient plus brillantes à mesure que l'astre de la nuit recommençait à s'abaisser. La vallée était silencieuse ; le grillon seul répondait au cri-cri des prairies.

Ce sublime repos n'avait aucune influence sur le garde, qui, du haut de son perchoir, explorait avec attention tout l'espace que pouvaient embrasser ses regards.

Sa faction se prolongeait, et rien n'apparaissait encore, lorsqu'il lui sembla entendre derrière lui et à quelques pas à peine un craquement de branches sèches, puis, bientôt après, un reniflement sonore. L'ours était là, mais inquiet et aspirant l'air. Heureusement, le calme de l'atmosphère ne lui permettait pas de sentir la moindre émanation, et, quelques instants après, une masse noire et sombre passait au pied même du noyer.

« Hé! là-bas! Martin! »

Surpris par cette voix tombant du ciel, l'ours s'arrête, lève la tête, et reçoit entre les deux yeux un lingot de fer. Il se lève debout, battant l'air de ses bras, et retombe sur le côté pour ne plus se relever.

Par mesure de précaution, le garde, avant de descendre, lui envoie son second lingot dans l'oreille; mais Martin était bien mort.

Le laissant alors sur place, l'heureux chasseur vint chercher des hommes au village. Tous les habitants le suivirent, portant des branches de pin enflammées, et, une heure après, il rentrait triomphalement, précédant de quelques pas une civière portée par huit hommes ayant fort à faire, car l'ours pesait plus de trois cents kilos.

Pareille chance n'arrive pas fréquemment. Un champ est dépouillé pendant la nuit; on va tenir l'affût. Mais l'ours ne vient pas, ou, s'il descend de la forêt, il se dirige loin du théâtre de ses exploits. Il change souvent de canton; les lieues lui coûtent peu à faire, car il est bon marcheur. Peut-être aussi le vent lui a-t-il signalé la présence du chasseur.

Pour ma part, j'ai passé bien des nuits; mais j'ai fini par y renoncer, n'ayant jamais eu le bonheur de rien voir.

A l'époque des vendanges, on allume des feux

autour des vignes qui sont le plus exposées, cela suffit pour les garantir; mais, si on néglige cette précaution, ce qui reste de raisins après sa visite coûte peu de peine à cueillir.

Plusieurs personnes m'ont demandé si l'ours déterrait les pommes de terre et s'il s'en nourrissait. Non, l'ours ne mange jamais un fruit sali par le contact de la terre, encore moins ceux qui en sont couverts : aussi les champs plantés de tubercules quelconques sont-ils à l'abri de toute atteinte.

D'où peut provenir cette particularité?

Est-ce parce qu'il n'aime pas à sentir le sable craquer sous sa dent?

Est-ce par un raffinement de gourmandise, et craint-il que la saveur de la terre ne nuise à celle du fruit? Je ne saurais le dire, mais je pencherais assez à croire que c'est par excès de propreté et qu'il redoute de se salir les pattes; car, je vous l'ai déjà dit, l'ours est d'une propreté minutieuse, il en est même esclave.

Les jours où il pleut, lorsque le terrain est détrempé, il reste chez lui, ou ne marche que sur le rocher ou la mousse, évitant avec un soin tout coquet les mares boueuses, les ornières creusées dans la forêt par le passage des troncs de sapin que les bœufs traînent à la rivière.

S'il est forcé d'entrer dans la boue et de salir sa luisante fourrure, il court au ruisseau voisin, à la source la plus profonde, et se lave, se nettoie, s'attife, lisse son poil avec la sollicitude d'un petit-maître ; puis, marchant sur ses pointes, va s'étendre et se sécher au premier endroit où luit un rayon de soleil.

Quand le temps est chaud, que la brise est muette, les forêts aux sapins bien serrés sont une étuve, une vraie fournaise : aussi cherche-t-il les endroits aérés, les bords des ruisseaux, les vertes clairières, les fraîches fontaines.

Un été, plusieurs de nos parents et amis étaient venus passer quelques jours à Axat ; je me rappelle les joies et les éclats de rire dont retentissaient salon et salle à manger.

Il fut décidé à l'unanimité que nous irions un matin déjeuner à la fontaine de Fontenilles, dont je vous ai déjà parlé au sujet de la jeune Madeleine Roche.

Au jour dit, un formidable escadron d'ânes rassemblé devant la maison du régisseur nous accueillit par un concert dont celui d'Estagel, de politique mémoire, ne fut qu'un plagiat.

Les dames étaient nombreuses ; la marquise de Voisin et ses deux charmantes filles, nos trois cousines de Casteras, deux ou trois autres dames dont j'ai oublié les noms ; enfin, ma mère et mes deux sœurs.

Les hommes étaient plus nombreux, et chacun, juché sur son aliboron, cherchait à faire parade de son talent d'écuyer. Le départ fut superbe, et, en entrant dans la forêt de la Pinouse, l'air retentissait de chants joyeux et d'exclamations de plaisir.

Le chemin était étroit ; nos ânes à la file l'un de l'autre emboîtaient le pas et côtoyaient les ravins, à la grande frayeur des dames.

A l'entrée de la forêt de Fontenilles, il devint si raide, que tous les hommes mirent pied à terre et vinrent prêter leur appui aux amazones, de moins en moins rassurées.

Après une heure de pénible montée, les arbres s'espacèrent, le terrain se nivela, nous avançâmes plus rapidement. Les hommes piquant, poussant, frappant les ânes retardataires et paresseux ; les dames poussant de petits cris de gaieté ou de détresse. On se défiait à qui arriverait le plus vite à la fontaine, et nous riions comme des fous.

Tout à coup, la tête de colonne, qui avait tourné à gauche dans la clairière où était la fontaine, s'arrête brusquement : les ânes sont abandonnés ; les dames se replient vivement sur le centre ; nous regardons !

Un ours était tranquillement assis dans le petit réservoir au pied du rocher et nous fixait, fort étonné, fort ennuyé peut-être, que nous vinssions interrompre son bain.

On parlait de rebrousser chemin, de se sauver au plus vite ; l'un demandait des fusils, l'autre criait : « N'en donnez pas ! »

Pendant ce temps, l'ours était doucement sorti de l'eau, s'était secoué, puis avait disparu sous bois.

Dès lors il ne fut plus question de s'en aller, chacun fut rassuré ou fit mine de l'être. Quant aux fusils, ils étaient restés au logis, et maître Martin était trop poli pour gâter un jour de plaisir : il ne reparut plus.

Août et septembre sont les mois pendant lesquels on peut chasser l'ours avec le plus de chance de ne pas faire buisson creux.

Il a parcouru dans la nuit de longues distances, il a souvent bien soupé ; au point du jour il rentre sous bois, et il y a à parier qu'il s'endormira dans le premier fourré qu'il rencontrera.

S'il est aperçu par un berger ou par un charbonnier, celui-ci court au village le plus voisin ; la nouvelle se répand avec une rapidité électrique : tous ceux qui sont chasseurs, et qui peuvent sacrifier quatre ou cinq heures de leur journée, s'arment, s'assemblent et partent sans perdre de temps.

Pendant la montée, le mode d'attaque, les postes à occuper sont discutés, choisis, et chacun gagne silencieusement celui qui lui a été assigné.

Les rabatteurs prennent la forêt par le bas, et, faisant autant de bruit que possible, remontent lentement vers les tireurs postés. Mais il est rare de réussir dans ces battues impromptues ; l'ours a le nez fin, et, s'il n'est pas bien endormi, au premier bruit il décampe et avant que les chasseurs aient occupé les passages, il a déjà changé de canton.

Dans les grandes chasses, organisées à l'avance et avec soin, rien n'est négligé, tout est réglé : chaque tireur connaît le poste qu'il doit occuper ; chaque traqueur sait qu'en entrant par tel endroit, il doit aboutir à tel autre, quel que soit le canton où se fera la battue; le programme devant varier suivant le rapport des gardes envoyés pendant la nuit pour faire le bois.

Les traqueurs doivent être nombreux, marcher à vingt-cinq ou trente pas les uns des autres, et en formant un arc de cercle.

Celui-ci porte un tambour, un chaudron, une poêle; celui-là une crécelle, une vieille trompette, voire même un violon ou un flageolet.

A ceux qui sont armés de pistolets ou de vieux fusils, on distribue poudre et pierres à feu; mais tous doivent contribuer au tapage en s'y employant avec la plus grande énergie.

Ce n'est qu'après que les tireurs ont occupé les passages par où l'ours peut chercher à s'échapper, et à un signal convenu, que les rabatteurs doivent se mettre en marche.

Tout à coup le majestueux silence de la forêt est troublé par des coups de feu et un vacarme inexprimable; l'ours, réveillé en sursaut, se lève et écoute: pour lui, le danger, qui se rapproche, augmente en raison du bruit; le haut de la forêt est silencieux, c'est donc le seul côté libre, c'est par là qu'il faut fuir! Il monte vivement, traverse taillis, halliers, s'engage dans une des coulées formées par le passage des avalanches, et, dans sa rapide ascension, fait rouler derrière lui pierres et rochers, qui vont en bondissant se perdre dans les précipices. Il approche du sommet, s'arrête quelques instants, explore les alentours avec le regard et l'odorat, puis reprend sa marche : encore quelque pas, et devant lui vont se trouver les immenses forêts des plateaux ; mais un coup de feu retentit, puis un deuxième, et il tombe frappé en plein front ou au défaut de l'épaule.

Au milieu de la forêt des Fanges, entourée de sapins séculaires, aux troncs immenses, droits et hauts comme des clochers, de buis et de houx gigantesques, et au centre d'une verte clairière, apparaît, blanche et propre, la maison du garde forestier.

Par une brillante matinée d'automne, elle retentissait du joyeux cliquetis des verres, du bruit des chansons et des gais propos de trente chasseurs.

Sur la pelouse et dans le jardin, une centaine de paysans avaient échangé les armes ou les instruments du traqueur contre de formidables tranches de jambon ou de bœuf, serrées entre deux morceaux de pain.

Les outres de peau de bouc, gonflées par l'excellent vin rouge de Limoux, passaient rapidement de main en main, et revenaient au point de départ allégées de leur contenu.

On se préparait à une chasse à l'ours ; le ban et l'arrière-ban des autorités civiles et militaires du département de l'Aude avaient été convoqués : le préfet et les conseillers de préfecture de Carcassonne, le sous-préfet de Limoux, le colonel et quelques officiers du régiment de chasseurs en garnison à

Carcassonne, le comte Fabre, louvetier, les inspecteurs, les gardes à cheval, et nous tous enfin, chasseurs habitant le canton.

Les gardes particuliers du comte Fabre, notre voisin de campagne, joints aux nôtres, étaient partis dans la nuit pour faire le bois, ainsi que les gardes à pied des eaux et forêts, et c'est en attendant leur rapport que l'on charmait les longueurs de l'attente, les chasseurs en déjeunant dans la maison, les traqueurs en les imitant au dehors.

A huit heures et demie, les gardes débouchèrent dans la clairière ; chacun courut à leur rencontre, et les plus heureux présages furent tirés de leur marche décidée et de leurs physionomies rayonnantes : en effet, Mathieu, l'un des gardes de mon père, avait détourné une ourse, et s'était assuré qu'elle n'avait point vidé l'enceinte où il avait été frapper à la brisée.

Comme les traqueurs avaient un long détour à faire, ils furent expédiés après formelles instructions, et sous la conduite de deux gardes expérimentés qui devaient tenir les deux extrémités de l'arc de cercle.

Il fallait qu'ils prissent par les gorges de la Pierre-Lisse pour remonter aux Fanges, en laissant derrière eux le petit village de Saint-Martin ; mais, avant d'entrer sous bois, ils devaient attendre le signal que l'un des gardes restés avec nous devait donner du haut d'un rocher, en agitant un mouchoir blanc.

Sûrement renseignés sur la position occupée par l'ourse, les postes furent tirés au sort, et, comme à l'ordinaire, chacun fut parfaitement mécontent de celui qui lui était échu en partage, et envieux de celui de son voisin.

Dès que nous fûmes en marche, le silence le plus complet étant de rigueur et le sentier très étroit, nous prîmes la file indienne, marchant dans les pas les uns des autres, évitant de faire craquer les branches, et nous nous égrenâmes sur la route comme les petites pierres blanches dont Petit-Poucet jonchait son chemin à travers la forêt.

Les postes que nous occupions dominaient un profond ravin, sombre et silencieux ; un océan de verdure se déroulait sur les pentes, et des aiguilles de granit pointaient de distance en distance, éclairées par un soleil radieux.

Le bruit seul de quelques branches froissées, de quelque caillou heurté, dénonçait encore la marche de l'homme, mais au bout de quelques minutes on n'entendait plus que le pivert, frappant de son bec d'acier le tronc des vieux sapins ; tous les tireurs étaient postés, le ravin était couronné d'une ligne formidable, mais invisible à l'œil le plus soupçonneux.

Sur la cime du rocher le plus élevé, le garde chargé de donner le signal attendait l'apparition des traqueurs dans les champs de Saint-Martin ; nos yeux impatients ne le perdaient pas de vue ; les minutes nous paraissaient des siècles.

En circonstances pareilles, j'ai presque toujours reporté ma pensée sur la pauvre femme du féroce Barbe-Bleue, et je n'ai jamais mieux compris qu'alors tout ce qu'il y a de naturel, de profondément vrai, dans ce cri d'angoisse de l'attente, cri répété si souvent :

« Anne, ma sœur Anne, ne vois-tu rien venir? »

Tout à coup, le mouchoir blanc attaché au bout d'une baguette de fusil voltige dans l'air; au loin les traqueurs l'ont aperçu, ils doivent sans doute faire retentir les échos du bruit de leurs cris et de leurs instruments, mais un son confus vient seul frapper nos oreilles, la distance est trop grande, et un silence de mort plane sur le ravin.

Quelques minutes s'écoulent ainsi, puis j'entends dans le fourré, au-dessous de moi, le frémissement des feuilles sèches : ce ne pouvait être l'ours, les rabatteurs montaient, mais bien lentement; en effet, je vois venir à moi deux renards, marchant côte à côte, s'arrêtant de temps en temps, écoutant, l'oreille tendue et droite, puis reprenant leur allure indécise et effrayée.

Tirer pareil gibier, et dans un tel moment, eût été sottise et eût fait probablement manquer la chasse : aussi, je me contentais de suivre leurs mouvements, quant à trois ou quatre cents pas, sur ma gauche, retentit un coup de fusil, dont la détonation fut triplée par la répercussion des rochers.

Je tressaillis, et les renards s'enfuirent vivement.

Quel était le chasseur maladroit, indigne de ce nom ?

J'accusais, *in petto*, certain conseiller, beau parleur, mais qui n'était pas autre chose, je l'avais vu à l'œuvre ; jugez-en :

Nous chassions un jour le lièvre, par une forte chaleur. Les chiens, après un défaut long et difficile à relever, avaient réempaumé la voie, et menaient chaudement ; un coup de feu part à l'entrée d'un bois de pins : chiens et chasseurs accourent, le conseiller tenait par les pattes... une pie, qu'il agitait triomphalement.

Les traqueurs montaient, montaient toujours ; les coups de pistolet, le son du tambour, des crécelles et des chaudrons, devenaient de plus en plus distincts.

Déjà les oiseaux, quittant les branches, tournoyaient quelques instants, puis passaient sur nos têtes en criant.

Le moment des émotions approchait : mes sens surexcités avaient doublé de puissance.

Au moindre souffle d'air faisant remuer les taillis, au bruit d'une branche sèche se détachant d'un sapin, je sentais ce frisson qui mord la peau, sans rien enlever à la fermeté et à la solidité des muscles : car il y a loin de ce frisson à celui que donne le froid ou la peur, et chaque vrai chasseur en connaît les effets.

Lorsqu'une compagnie de perdreaux part entre vos jambes et inopinément, qu'un lièvre déboule sous vos pieds, si vous n'avez pas ce frisson, c'est dommage, car c'est un mouvement plein de charmes, et, pour certaines organisations nerveuses, il se renouvelle dans toutes les circonstances émotionnantes.

En chasse, il équivaut à ce : toc!!! que frappe le cœur à l'approche inattendue ou à la rencontre inopinée de celle que l'on aime ; mais, en général, il faut être jeune.

Il y a pourtant des hommes qui sont assez heureux pour l'entendre frapper encore à quarante ans et plus ; je souhaite fort que vous soyiez du nombre.

Quelques minutes après, le ravin retentissait de cris assourdissants, qui éclatèrent comme une tempête :

« A l'ours! à l'ours!!!

— A vous, à vous, là-haut!!! »

L'ours était sur pied, mais par où chercherait-il à s'échapper?

Un coup de fusil, puis un second, furent tirés sur la gauche des postes et à court intervalle :

« A la mort! à la mort! »

A cet hallali tout pyrénéen, chacun quitte son poste, court, se précipite : les traqueurs traversent en bondissant halliers et fondrières.

« Où est-il?

— Qui a tiré?

— C'est Mathieu.

— Alors, c'est bon, l'ours a son affaire. »

Nous fûmes bientôt réunis autour du garde, qui

cherchait à prendre un air contristé, mais dont l'œil brillant trahissait un sentiment de triomphe et d'orgueil.

« Est-ce vous, Mathieu, qui avez tiré? lui dis-je.

— Oui, monsieur Louis.

— Eh bien! est-il mort?

— Eh, donc!!

— Où est-il?

— Là, au pied du rocher. »

A cet instant, des cris de joie frénétiques vinrent nous interrompre.

« Il y en a deux!

— Deux quoi?

— Deux ours, donc! dit Mathieu, monsieur et madame.

— Ccup double, alors?

— Non; mais n'avez-vous pas entendu un coup de fusil avant que tout le monde fût posté?

— Si, et j'ai accusé M. P*** d'avoir tiré sur un renard.

— M. P***, le conseiller! allons donc, il était près de moi; il a vu l'ours, mais de derrière un gros sapin, et je vous réponds que ce n'est pas avec son fusil qu'il a fait du bruit. Dès que les rabatteurs ont commencé la battue, j'ai vu un ours sortir du taillis, là-bas, dans le ravin, et grimper par la tire que vous avez devant vous; puis, quand il a été à quatre pas, je lui ai ôté ma casquette; il s'est levé debout, pour me rendre ma politesse, et je l'ai brûlé. »

Le mot était exact: l'ours avait reçu le coup tellement près, que la poitrine était brûlée par la poudre, et la bourre fut retrouvée dans la plaie. .

L'ourse, tuée en dernier lieu, avait suivi le même chemin que le mâle ; puis, arrivée à l'endroit où il était tombé, elle s'était arrêtée en reniflant ; mais, apercevant un chasseur, elle avait prudemment cherché à battre en retraite ; une première balle, entrée derrière l'oreille, puis une deuxième, au défaut de l'épaule, avaient brusquement terminé sa carrière.

Pareils résultats sont rares : trois coups et deux ours tués !

Aussi le retour fut des plus joyeux ; les ours, attachés par les quatre membres sur deux brancards coupés aux branches voisines, furent portés par huit hommes, et nous descendîmes à Saint-Martin-de-Lisse, où nous nous séparâmes, les uns pour retourner dans leurs garnisons et résidences, les autres au foyer paternel.

Mathieu avait fait une bonne journée, car, outre la gloire, chaque ours tué rapporte en moyenne 250 ou 300 fr.

D'abord, la peau est vendue 100 ou 150 fr., suivant la saison.

La prime payée au chef-lieu du département est, je crois, de 25 fr. pour un mâle, 40 fr. pour une femelle.

Enfin, ce que l'on appelle la levée.

Lorsque l'ours est dépouillé, la peau, encore fraîche, est suspendue au sommet d'une longue perche, et promenée dans tous les villages à six ou sept lieues à la ronde. Chaque ménage donne aux leveurs, soit des œufs, du jambon, du lard; soit du vin, de la farine, du blé ou du maïs, des noix, des fromages de chèvre, des poulets, etc.

Ces provisions servent à un grand repas, auquel assistent de droit tous ceux qui ont pris part à la chasse, tireurs ou rabatteurs.

La graisse appartient à celui qui a tué l'ours, et ce n'est pas le plus mince de ses bénéfices, car elle jouit de la réputation de panacée universelle.

J'ai vu des ours donner de vingt-cinq à trente kilos de graisse.

Quand elle est fondue et mise dans des pots neufs, bien vernis et bien bouchés, elle se conserve assez longtemps; mais, quand elle rancit, elle exhale une odeur forte et nauséabonde.

Au mois de juin, cette graisse et la chair de l'ours sentent la fourmi d'une manière très prononcée, car, à cette époque, il en fait une immense consommation.

Les fruits et les grains ne sont mûrs nulle part; il faut donc qu'il trompe sa faim, et la façon dont il s'attaque aux fourmilières est assez originale.

Tous ceux qui ont parcouru les grandes forêts de pins et de sapins connaissent ces monticules, semblables à des huttes de Hottentots, dont quelques-uns atteignent plus d'un mètre et demi de hauteur sur deux mètres de base, et, formés de terre mélangée de feuilles et de brindilles de sapin, deviennent assez durs et assez solides pour pouvoir supporter le poids d'un homme sans s'ébouler.

Les fourmis qui les construisent sont de la plus grosse espèce, noires, avec une forte tête rouge, et pincent cruellement l'imprudent qui vient les déranger.

Aussi maître Martin procède avec prudence : il connaît leurs mœurs et leurs habitudes; il sait que, chercheuses infatigables, elles quittent le logis de bonne heure, n'y rentrent dans le jour que momentanément. Il se met donc en quête avant le jour, et, dès que l'on peut distinguer les objets, il vient s'asseoir à côté de la plus grande fourmilière, et attend le réveil de ses habitants.

Bientôt, dix, vingt, cinquante, cent, sortent par toutes les issues, le sommet du monticule en est noir; alors Martin avance la tête, tire la langue aussi longue que possible, et la retire toute couverte de fourmis qu'il avale avec grande joie; mais, comme elles n'arrivent pas assez vite et en assez grand nombre au gré de sa gloutonnerie, il lève sa lourde patte et la laisse vigoureusement retomber sur la fourmilière.

Tout ce qu'il y a de valide dans l'habitation va, vient, court, s'enquiert de ce bruit inusité, arrive au dehors pour en reconnaître la cause, puis, comme aucun messager ne rentre, les invalides, les blessés eux-mêmes, sortent cahin-caha, hélas! pour ne plus revenir.

Les coups de patte n'attirant plus personne, Mar-

tin enlève délicatement le toit qui recouvre les galeries, met à jour les salles où les larves, rangées
côte à côte, attendent le moment de l'éclosion, et
ne quitte la place que lorsqu'il n'y a plus que ruines
et désolation.

Heureusement pour lui, les fourmilières sont
nombreuses, et j'en ai vu souvent plus de vingt
bouleversées dans l'espace de moins d'un hectare.

Mais que peuvent être, pour le large estomac d'un
ours, deux ou trois millions de fourmis? Aussi, est-
ce pour lui la mauvaise saison : il est maigre, et
parcourt des espaces considérables à la recherche
de sa chétive pâture.

Après les récoltes, au mois d'octobre, il a encore, comme je l'ai dit déjà, quelques bonnes semaines. Les fruits et les graines des forêts ont suc-
cédé à ceux des vallons et de la plaine ; mais, pour
se procurer une abondante nourriture, il faut se
donner de la peine et courir le danger de faire des
chutes désagréables.

Les faînes de hêtres sont mûres, ainsi que les
grappes du sorbier des oiseaux; mais les hêtres
sont gros et élevés, les sorbiers minces, longs et à
branches pliantes.

A moins de se contenter de les admirer et de
prendre philosophiquement son parti en disant à
son tour : « Ils sont trop verts.... » il doit grimper
et secouer les arbres; mais les uns résistent trop,
les autres pas assez.

Il n'est pas rare de trouver au pied d'un sorbier

des oiseaux une branche cassée et une empreinte
dans la terre : Martin a cassé la branche, et l'examen
de la place permet de savoir s'il est tombé pile ou
face ; la plupart du temps, c'est pile ; et un jour, à
cent pas d'un arbre où pareil accident lui était arrivé, je le rencontrai tirant la jambe, d'une humeur
détestable, et grognant de ce que mon approche
l'avait forcé de prendre une allure peu en rapport
avec l'état de ses œuvres mortes.

Quand on a la chance de le rencontrer ainsi juché
sur un arbre, on peut le tirer absolument comme à
la cible, et jusqu'à ce que mort s'ensuive ; il grogne,
s'agite, mais ne fait pas un effort pour monter ou
descendre ; il se cramponne aux plus grosses branches, tourne la tête d'un air furieux vers le chasseur,
hurle à faire frissonner à chaque balle qui vient l'atteindre ; puis, quand il est à bout de force, il lâche
tout, casse branches et rameaux, et tombe comme
une masse au pied de l'arbre, où, bientôt, il rend
le dernier soupir.

C'est alors qu'il faut avoir la prudence d'attendre
et ne pas s'avancer trop précipitamment : car s'il est
vrai que l'ours n'attaque pas, du moins je vous ai
dit qu'il se défendait, et dans pareille occasion on
ne peut trouver mauvais s'il cherche à griffer quelque peu.

J'ai ouï raconter par mon père qu'un bûcheron
d'Artigues avait longtemps boité par suite de son
imprudence.

Il traversait la forêt du Clat, avec son frère, pour

aller marquer des arbres dans une coupe où l'un des gardes d'Axat devait venir les rejoindre.

Ils n'avaient que leurs haches, et, pour être plus tôt rendus, avaient pris à travers bois, lorsque, sur le versant d'un ravin, ils remarquèrent un sorbier des oiseaux agité d'une étrange façon.

Ils se mirent à courir, et arrivèrent au pied de l'arbre avant que l'ours, car c'en était un, et de belle taille, eût eu le temps de quitter son perchoir.

L'un proposait de monter et de frapper avec la hache; mais la proposition était inadmissible, car comment frapper de bas en haut et avec une seule main? L'autre voulait abattre l'arbre, et taper sur l'ours au moment où il toucherait le sol. Ils s'arrêtèrent au parti le plus sage : l'un devait rester et empêcher l'ours de s'enfuir pendant que l'autre courrait au rendez-vous chercher le garde armé de son fusil.

Le bûcheron partit donc, et, ne trouvant personne, attendit bouillant d'impatience pendant une grande demi-heure. Le garde parut enfin, et, quand l'aventure lui eut été contée, ils reprirent tous deux, au pas de course, le chemin, qu'ils franchirent en quelques minutes.

Rien n'était changé, si ce n'est la position de l'ours, qui, au lieu d'être debout, s'était assis entre la fourche formée par la naissance des maîtresses branches, et, confortablement installé, avait l'air bien décidé à rester là jusqu'au départ de son incommode gardien ; mais l'arrivée des nouveaux venus changeait la tournure des choses : en voyant que l'un d'eux était porteur d'un instrument dont il avait peut-être apprécié les effets désagréables, Martin comprit toute la gravité de la circonstance et commença à gronder, à s'agiter, et à lancer au-dessous de lui des regards irrités ; mais, peu sensible à ces marques de courroux, le garde l'ajusta entre l'oreille et le cou, puis entre les deux yeux : mais Martin tournait la tête de bas en haut, de droite à gauche. Après plusieurs tentatives, le coup partit, et un hurlement de douleur y répondit : l'ours était blessé à mort. Il s'affaissa sur lui-même, puis, lâchant les branches qu'il tenait embrassées, il tomba au pied de l'arbre, où il resta étendu immobile.

Le bûcheron, dans la joie de voir l'ours couché par terre, et avant qu'on ait pu prévoir son intention, s'élance et s'assied joyeusement sur lui ; mais, à peine l'a-t-il touché, que l'ours se relève par un dernier effort, culbute l'imprudent, lui laboure les côtes avec ses griffes, d'un coup de dent lui entame profondément la cuisse, et meurt après s'être vengé.

Quand l'ours procède à la cueillette des faînes de hêtre, il lui arrive parfois d'être obligé de l'interrompre pour venir défendre son bien.

Perché sur les plus hautes branches, les secouant avec toute la vigueur dont il est capable, voyant avec joie gousses, graines et feuilles tomber dru comme grêle et joncher le sol, un grondement s'échappe de sa poitrine en s'apercevant que juste au-dessous de lui, à l'endroit même où les faînes sont les plus nombreuses, un pirate, un voleur, un pique-assiette, les croque, les fait disparaître avec la plus grande vivacité : un blaireau l'a suivi en se rasant, a attendu le commencement de la récolte, et se dépêche de faire une razzia complète.

D'abord Martin est étonné, puis, indigné d'un pareil procédé, il souffle, se démène, secoue les branches. A chaque mouvement un peu brusque, le blaireau lève la tête, et, la bouche pleine, continue à jouer des *badigoinces*, comme dit Rabelais ; il n'en perd pas un coup de dent, et n'en éprouve que le désir d'aller plus vite. Martin se décide alors à descendre pour chasser l'intrus.

Il quitte gravement les branches pour embrasser plus gravement encore le corps de l'arbre, puis, à reculons et lentement, il atteint la terre ; aussitôt qu'il l'a touchée, il court vers l'endroit où le blaireau se trouvait, mais la place est vide ; des débris à moitié mangés témoignent seuls de la triste réalité. Le voleur est parti ; l'ours tourne la tête de tous côtés, explore de l'œil tous les environs..., il est bien seul. Pour se consoler, il grignote du bout des dents une douzaine de faînes ; puis, avec regret, se décide à remonter à l'arbre.

Dès qu'il est arrivé dans son poste aérien, il secoue les branches avec un redoublement d'énergie ; rien ne lui résiste, tout dégringole ; il regarde avec complaisance la terre, qui disparaît sous les fruits.

O rage! ô fureur! le forban est de retour : il est là, tranquille, jouissant à plein râtelier de la manne qui lui tombe du ciel.

Pour cette fois, le calme n'est plus possible; Martin glisse comme une avalanche, arrive comme la foudre. Si le blaireau est prudent, il est déjà loin, ou bien caché dans les taillis voisins; mais quelquefois la gourmandise l'emporte sur le danger présent : un coup de dent de trop lui coûte souvent la vie, toujours une rude correction.

Me trouvant un jour à chasser le coq de bruyère dans les hautes sapinières, en redescendant, je quittai le chemin ordinaire avec l'intention d'aller visiter un canton fréquenté par les écureuils et les ramiers, à cause de la quantité de hêtres qui s'y trouvent.

En arrivant au pied d'un grand et vieil arbre, je remarquai que le sol était nouvellement foulé, couvert de gousses encore fraîches et jonché de menues branches; le tronc était éraillé, et si j'avais pu conserver un doute, il n'était pas possible devant les larges empreintes des pattes d'un ours; mais je vis avec étonnement d'autres empreintes plus petites, longues et étroites, laissant dans la terre les marques d'ongles longs et aigus : je reconnus immédiatement les traces d'un blaireau.

Pendant que je cherchais à me rendre compte de ce qui avait dû se passer là, ma chienne, qui furetait dans le taillis, revint en courant, tourna autour de moi en aboyant et reprit sa course en me regardant, comme pour m'inviter à la suivre. Habitué aux marques de son intelligence, je me dirigeai vers le taillis, et au bout d'une trentaine de pas, je la vis m'attendant devant le corps d'un gros blaireau, étalé les quatre pattes en l'air, ayant les reins brisés et la peau de la tête à moitié enlevée.

Sa mort devait remonter à quelques heures à peine ; les fourmis le couvraient, mais n'avaient encore rien endommagé.

A cette époque de l'année, les ours changent fréquemment de forêt ; ils vont et viennent, des sapinières aux hêtres, et vont reconnaître les endroits abondants en nourriture.

Les feuilles commencent à tomber, c'est le moment où on les rencontre fréquemment, plus fréquemment même qu'au printemps, et il est rare qu'une semaine se passe sans que les filles qui vont au charbon les trouvent sur leur chemin.

Par une belle après-midi, ma mère et moi faisions notre promenade habituelle dans la plaine d'Axat, et après avoir dépassé la jetée qui fournit l'eau au canal des usines, nous marchions lentement, avec l'intention d'aller jusqu'aux gorges des rocs Saint-Georges.

Dans certains endroits, l'Aude, élargissant son cours, ne coule plus comme un torrent furieux, mais d'une manière calme et tranquille, comme doit faire toute bonne et honnête rivière, lorsqu'elle trouve un bon lit de cailloux brillants et polis, ou du sable fin avec des paillettes d'or et de mica.

L'un de ces endroits, en face de la forêt d'Artigues, voit ses rives disparaître sous des berceaux
de clématites, de chèvrefeuilles et d'églantiers. La
route, qui longe toujours le bord de l'eau, forme un
coude, et quand nous l'eûmes atteint, je saisis ma
mère par le bras, et lui montrai silencieusement
une masse noire qui s'avançait dans la rivière, à une
quarantaine de pas en amont; c'était un ours, mais
ses allures étaient singulières : au lieu de traverser
franchement, il s'arrêta au bout de cinq ou six pas,
regarda la berge qu'il venait de quitter, puis revint
sur ses pas et prit terre de nouveau.

Nous nous aperçûmes alors que l'ours était une
femelle, car elle était accompagnée de deux oursons
(le mâle adulte est toujours seul).

L'ourse, arrivée près d'eux, les lécha l'un après
l'autre, puis se remit à l'eau en les regardant ; le
plus petit resta tranquillement assis snr son derrière ; mais le plus fort se leva, s'approcha de l'eau,
y mit le nez, puis une patte qu'il retira bien vite
et vint se rasseoir. L'ourse rebroussa alors chemin,
puis recommença à les caresser ; mais, il faut le dire,
avec un air fort agacé, puis approcha son museau
de l'une de leurs oreilles, leur parla bien certainement à l'un et à l'autre, car après chaque exhorta-
tion, ils secouaient la tête négativement, et refusaient formellement d'entrer dans la rivière, quoique
leur mère s'y fût remise de nouveau et les attendît
à dix pas.

Pour cette fois, sa patience était à bout : elle revint rapidement en faisant jaillir l'eau autour d'elle, donna à chacun des oursons une tape à étourdir un veau, poussa le plus gros par le derrière, prit le petit sous son bras ; et, grommelant, reniflant, soufflant, la famille entière eut bientôt traversé le gué et disparu dans les premiers taillis.

Nous n'avions certainement pas été aperçus, car sans cela l'ourse, ou serait revenue sur ses pas, vers la forêt d'où elle venait, ou aurait poussé les oursons sans tant de façons, ainsi que je le vis une autre fois que j'étais seul, pêchant à la ligne volante.

L'ourse était déjà à l'eau, en face de Quérimals ; quand elle m'aperçut, elle se précipita alors sur ses petits, les jeta à l'eau en les poussant vivement, ne quitta la rive opposée que lorsque sa chère progéniture eut pénétré dans le bois, qu'elle atteignit bientôt elle-même en courant.

Une rencontre singulière eut lieu, il y a quelques années, sur la route de Quillan à Axat, entre le pont de Ribenti et les prairies de Roche.

Axat, à cette époque, était encore assez mal approvisionné ; la route était si étroite, que c'était à grand'peine si deux mulets chargés de planches ou de fer pouvaient se croiser ; il n'était pas question des transports par charrettes tels qu'ils se pratiquent maintenant.

Trois ou quatre fois par semaine, nous envoyions à Quillan pour chercher ce qui était le plus indispensable pour la maison, et quand le cuisinier n'y allait pas, une jeune fille du village partait avec son âne et revenait le soir, après avoir rempli toutes les commissions.

Un jour, que la liste en avait été fort longue, elle quitta Quillan un peu tard, s'arrêta chez le maréchal Clausel pour lui remettre un livre; puis, arrivée à Belvianes, la nuit commençait à se faire. Le temps était superbe, quoique frais; le ciel resplendissait d'étoiles scintillantes, et, sans hésitation comme sans peur, elle s'engagea dans les défilés de la Pierre-Lisse.

Dans les endroits où les rochers ou bien les arbres projetaient leur ombre opaque, c'est à peine si elle apercevait son âne qui, d'un pas lent et tranquille, marchait sans s'inquiéter des quelques coups de bâton qui lui étaient appliqués pour presser sa marche. Elle avait pourtant une telle hâte d'arriver, que déjà plusieurs fois elle avait résisté à l'envie de s'arrêter un petit instant; mais, après le pont de Ribenti, au milieu des bois communaux qui bordent la route à droite, il lui fut impossible d'aller plus loin; elle laissa donc marcher son âne, puis, pressant le pas pour le rejoindre, elle crut le retrouver cheminant encore plus lentement : elle lève son bâton, le laisse vigoureusement retomber en criant : « Arri ! bourrou ! » (Marche ! baudet !)

L'âne pousse un grognement sourd, se lève sur ses pieds de derrière : c'était un ours ! qui, après cette preuve d'identité, rentra sous bois, ne se souciant pas de continuer plus longtemps le rôle d'Aliboron; le véritable était à vingt pas plus loin. Quelques heures plus tard, en entendant des éclats de voix et des exclamations dans les cuisines, nous nous faisions répéter cette histoire, que quelques-uns croiront sans doute apocryphe, et qui pourtant est vraie. Dans la battue que nous fîmes le lendemain à la pointe du jour, si nous ne trouvâmes pas l'ours, du moins vîmes-nous, à l'endroit désigné par la jeune fille, les marques de ses pattes, depuis le moment où il était venu de la rivière jusqu'à celui où il avait grimpé le talus qui borde le bois.

Ces rencontres fortuites donnent lieu quelquefois à des scènes comiques, qui, pendant longtemps, sont le sujet de mille plaisanteries. Les habitants, ai-je dit, ne s'effrayent pas à la vue d'un ours ; mais. je comprends très bien qu'une personne étrangère à la localité éprouve une grande terreur.

L'un des gardes forestiers du gouvernement étant mort, il avait été remplacé par un autre qui avait toujours habité des pays de plaine et n'avait jamais rencontré d'autres animaux féroces que des renards. Il avait bien vu des ours, mais dans des cages, ou dansant des sarabandes sur la place publique et faisant *oun salamalec à la plous zolie femme dé la compagnie.* Aussi, dès son arrivée à Axat, il avait cherché à connaître les mœurs des hôtes des forêts, non par lui-même, mais par les on-dit, et gardes et paysans s'étaient amusés à lui raconter les choses les plus absurdes. L'ours était terrible, sanguinaire, ne se plaisait qu'au carnage, dévorait tout indistinctement ; mais ce qu'il affectionnait par-dessus tout, c'était un garde forestier et son habit vert.

Le pauvre homme, sous l'influence de ces bourdes, ne quittait sa maison qu'après avoir embrassé sa femme et ses enfants, comme s'il ne devait plus les revoir, entrait dans la forêt, le cœur serré, regardait de tous côtés avec anxiété ; le moindre bruit l'horripilait, et, dès qu'il arrivait dans une clairière ou sur des rochers bien découverts, il y restait jusqu'à l'heure où sa tournée, devant être terminée, il pouvait rentrer au logis sans crainte des inspecteurs.

Au bout de quelque temps, il était pourtant plus aguerri ; jamais il n'avait rien vu ni entendu de suspect ou de dangereux ; il était presque tenté de croire qu'il n'y avait pas d'ours, lorsqu'un matin qu'il s'était arrêté à causer avec un bouvier, qui, à l'aide de ses bœufs, traînait des sapins hors de la forêt, il entend craquer les branches à vingt pas sur le chemin, et, se dirigeant droit sur eux, il voit un ours qui lui parut énorme. Galvanisé par la peur, il jette son fusil, crie au bouvier :

« Nous sommes perdus ! sauvez-vous ! »

Et il s'élance, rapide comme un trait ; mais il avait, sans doute, la vue troublée, car au bout de dix pas, il embarrasse ses pieds dans une racine et s'étale à plat dans la boue, où il reste immobile et comme frappé de mort.

Il entend bientôt une marche rapide, les cailloux qui se heurtent ; il n'a que la force de crier :

« Adieu, ma femme ! adieu, mes enfants ! »

Et il est saisi, retourné, remis sur ses pieds et face à face avec... le bouvier, qui riait aux larmes. Cette malencontreuse histoire lui fut si souvent reprochée, il en était si honteux, qu'il demanda et obtint son changement de résidence.

S'il y a des poltrons, en revanche il n'est pas un de nos villages qui ne se pique d'avoir un intrépide chasseur, un tireur habile, et cela de temps immémorial.

Celui qui a laissé des souvenirs, datant de longtemps avant la révolution de 93, se nommait le Pareur de Gesse. Il était vassal du seigneur du Clat, habitait avec lui et était presque de la famille.

A cette époque, les forêts couvraient d'immenses étendues ; quelques petits coins, dans les vallées, étaient seuls cultivés ; les ours étaient nombreux et vivaient sinon en bonne intelligence avec les sangliers, du moins sans hostilités ouvertes. Les seigneurs d'Axat faisaient des chasses fréquentes, souvent fructueuses ; le Pareur était chargé de les diriger, d'établir les postes, de commander les traqueurs ; son activité, son intelligence, suffisaient à tout. Il était de grande taille, un peu voûté, comme la plupart des montagnards, et sa figure maigre, au sourire doux et presque timide, s'illuminait aux rayons de ses yeux gris lorsque le moment d'agir était venu ; alors il était partout où sa présence était nécessaire. Venait-on de le voir appuyant les traqueurs, ou gourmandant un retardataire, il apparaissait tout à coup sur le haut des postes, dominant les forêts, comme un géant sur un piédestal de granit. L'ours se trouvait-il dans le fond d'une vallée, sa voix retentissante avertissait les tireurs qu'il l'avait en vue, et, quelques minutes après, un coup de fusil partait du haut de la montagne, les échos triplaient la puissance de la détonation, l'ours était mort, et c'était le Pareur qui l'avait tué.

Dans l'une de ces battues, le marquis de Dax, seigneur d'Axat, avait invité les sires de Puylaurens, de Chalabre, un abbé, chanoine de l'évêché d'Alet, qui se disait grand chasseur ; et le Pareur avait été chargé de le placer au meilleur poste. La matinée était froide, un peu brumeuse encore ; la pluie de novembre, tombée dans la vallée pendant la nuit, était de la neige molle et humide sur les montagnes. Un peu au-dessus du village d'Artigues, on avait dû quitter les chevaux et gravir péniblement jusqu'à la forêt du Clat, au milieu des herbes mouillées et des gouttelettes glacées que les premiers rayons du soleil faisaient tomber des feuilles lancéolées des hauts sapins, dont la robe de velours vert était brodée de diamants. Peu habitué à de pareilles ascensions, l'abbé avait cessé de parler pour conserver à ses poumons tout l'air dont ils avaient besoin ; mouillé au dehors, ruisselant sous ses vêtements, il pressait néanmoins le pas pour pouvoir arriver plus vite, et se fatiguait pour se reposer plus tôt ; tous admiraient son ardeur, mais les éloges n'avaient plus de retentissement dans son cœur : s'il palpitait, c'était pour un tout autre motif.

On arriva enfin. Les postes furent désignés; l'abbé, placé par le Pareur à la bifurcation de deux sentiers qui, des profondeurs des forêts, aboutissaient à une brèche étroite, fut chargé de garder et défendre ce poste important. Le Pareur alla rejoindre les traqueurs, qui, en ligne dans le bas de la forêt, attendaient le moment de se mettre en marche. Bientôt les échos s'éveillèrent, les cris des rabatteurs retentirent au loin, tantôt s'éteignant dans le fond des ravins, tantôt éclatant sur les rochers et les pentes abruptes, montant, montant toujours, comme les vagues envahissantes de l'Océan au moment du flux.

Une voix puissante, sonore, domine tout à coup les autres bruits; c'est le Pareur : « A l'ours! à l'ours ! à vous là-haut ! ! ! »

Et, pareil à l'isard, il bondit en grimpant; rapide comme la pierre qui roule au fond des précipices, il court, il vole, arrive au premier poste, où le marquis de Dax veillait, le fusil au poing ; il repart comme un trait, silencieux, pour recommander la vigilance à l'abbé; le passage important est libre, solitaire, nul ne le garde ; il explore de l'œil les troncs d'arbres, les rochers; il est bien seul, l'abbé a disparu. Un craquement de branches brisées, un reniflement bruyant, se font entendre sous bois, une détonation retentit, et les cris : « A la mort! à la mort! » annoncent au loin le nouveau triomphe du Pareur de Gesse : un ours énorme était étendu au milieu du sentier.

Le premier témoin accouru était l'abbé, le fusil à la main, mais les yeux encore gonflés par le sommeil. S'il avait abandonné la place, c'est qu'elle était à l'ombre, qu'il avait craint une pleurésie ; il avait cherché le soleil, et s'y était endormi jusqu'au moment où le coup de feu l'avait réveillé en sursaut.

La raison était assez plausible. Était-elle l'expression de l'exacte vérité ? La noble assistance n'insista pas et fit semblant de croire aux amers regrets que témoignait l'abbé d'avoir laissé échapper une si belle occasion.

Dans une autre chasse, le baron du Clat était placé plus bas que la crête de la montagne couronnée d'une ligne de tireurs, au pied d'une muraille de rochers qui sépare la forêt de Cailla de celle d'Artigues ; les traqueurs étaient déjà à mi-côte, lorsqu'il aperçoit un ours montant droit à lui ; il l'attend à quinze pas, l'ajuste avec soin, tire… l'amorce seule prend feu ; il presse rapidement la seconde détente, le coup part, mais la balle mal dirigée va s'enfoncer dans le tronc d'un sapin. Une voix se fait entendre derrière lui :

« Baissez-vous, monsieur le baron ! gare à l'ours ! »

Il obéit instinctivement ; l'ours, qui n'était plus qu'à quelques pas, roule foudroyé. Le baron se relève, lorsqu'une deuxième explosion le fait tressaillir : au pied même de la muraille de rochers, un peu sur la gauche, se tordait dans les spasmes de la mort un autre ours énorme ; et le Pareur de Gesse , calme , impassible , tenait les deux mains croisées sur les canons encore fumants de son redoutable fusil.

Ces forêts du Clat , d'Artigues et de Cailla , sont encore de nos jours les lieux fréquentés par les ours ; il se passe rarement une saison où on n'en tue quelques-uns , et , tout dernièrement (18 octobre 1857) , une énorme femelle y a été prise. Je ne saurais mieux faire , pour vous raconter les détails de cette chasse , que de copier textuellement et dans toute sa naïveté la lettre qui m'en fait connaître les détails :

« Monsieur le vicomte ,

« Je me fais un plaisir et un devoir de répondre
« à votre agréable lettre , que vous avez bien voulu
« me faire l'amitié de m'adresser , pour vous donner
« les détails de la chasse à l'ours qui a été faite , à
« Axat , le 13 octobre dernier , dans la forêt de
« M. le marquis , votre frère.

« Le 14 octobre , le sieur Marc Cathala , dit Noussé ,
« d'Artigues , charbonnier , vint à Axat prévenir
« M. le marquis de Dax et M. Sylvain Daran , di-
« recteur des forges , qu'il se trouvait , dans la forêt
« d'Artigues , un ours , et que , si ces messieurs
« voulaient organiser une chasse , il pensait qu'on
« pourrait le tuer.

« Bref , il fut convenu que , le dimanche pro-

« chain, 18 octobre, la chasse aurait lieu. — Marc
« Cathala fut chargé par M. le marquis de préve-
« nir quelques chasseurs, ainsi que des traqueurs.
« M. de Dax, de son côté, invita M. Bruguière, de
« la forge de Quillan, M. Blancart, quatre gen-
« darmes et quelques autres individus d'Axat, pour
« assister à cette chasse, y compris Bousquet, le
« meunier, qui se trouve fermier de votre moulin,
« à Axat.

« Le 18 octobre, dimanche, tous réunis à six
« heures du matin, M. votre frère à la tête, tous se
« dirigèrent vers la forêt d'Artigues, au lieu du
« rendez-vous. Marc Cathala arrive en même temps,
« avec sa suite, au Cam du Roc. Marc, qui était le
« directeur de la chasse, avait veillé à la tenue de
« l'ours ; il dit qu'il était à la métairie de Nantillas,
« dans le terrain du Clat, près de la partie des Es-
« caüssanels.

« Les chasseurs étaient au nombre de quarante,
« dont vingt-deux braconniers et dix-huit traqueurs.
« Les braconniers furent placés tout le long de la
« crête de la montagne qui sépare la partie des
« Escaüssanels d'avec votre forêt. Cathala dit qu'il
« fallait faire venir l'ours du côté de la forêt d'Ar-
« tigues pour pouvoir y tirer.

« Faut dire que les chasseurs étaient placés à di-
« vers postes, de deux en deux ; Bousquet était au
« même poste que M. de Dax ; ce poste s'appelle le
« canal de la Couscouillère à la Simme.

« Cathala prend les dix-huit traqueurs, va par
« derrière pour faire venir l'ours vers les bracon-
« niers. A peine ont-ils commencé la chasse qu'on
« vit l'ours sur un arbre d'alizier (sorbier des oi-
« seaux), qui mangeait de ses graines rouges. L'ours
« se met en fuite vers la forêt d'Artigues et monte
« par le canal de la Couscouillère.

« Lorsqu'il finissait de monter, il se trouve en
« face de M. le marquis et de Bousquet ; il voulut
« rétrograder, lorsque votre frère touche le bras de
« Bousquet pour le lui faire voir ; Bousquet l'ajuste
« d'un seul canon, fait feu sur l'animal, qui tombe
« blessé à mort et roule cinquante mètres plus bas,
« du côté des Escaüssanels.

« Marc Cathala accourt vers ce poste, de là où
« se fit entendre le fusil, et trouve M. de Dax et
« Bousquet assis à la même position qu'ils avaient
« prise la première fois ; il leur demande ce qu'ils
« ont fait : Bousquet se lève et lui dit qu'il avait tiré
« à l'ours et qu'il pensait l'avoir touché. On fut voir
« là où était tombé l'ours, on vit du sang ; on suivit
« la trace, bientôt on vit l'animal étendu sur un roc.

« Alors des cris : « A la mort ! à la mort ! » furent
« lancés par les chasseurs, qui se réunissent autour
« de l'ourse, car c'était une femelle, joyeux du bon
« résultat de leur chasse.

« L'ourse fut emportée à Axat sur un brancard.
« A Artigues, tous les habitants se réjouirent de la
« mort de ce gros animal, qui leur ravageait leurs

« petites récoltes de prunes, millet et avoine. Tous
« les chasseurs descendirent à Axat, à la réception
« du tambour.

« L'ourse pesait trois cents livres. Elle fut livrée
« à la disposition de M. le marquis, qui en donna à
« chaque chasseur ; il en garda une partie, qui fut
« désignée à être mangée à un grand repas que
« votre frère donna, auquel il invita tous ses amis.

« L'ourse fut tuée à onze heures, la chasse a
« commencé à neuf heures trois quarts, et a porté
« de trente-cinq à quarante livres de graisse. »

Cette lettre ne vaut-elle pas un poëme épique ?

RENSEIGNEMENTS POUR LA CHASSE A TIR

EN FRANCE

—

Notre siècle est, dit-on, le siècle des progrès et des lumières, c'est vrai ; mais aussi qu'en résulte-t-il ? c'est que le touriste, en particulier, n'a rien à apprendre, rien à chercher, rien à voir, qu'il ne connaisse déjà sans être sorti de chez lui : un guide, une carte, un stéréoscope avec une centaine d'épreuves photographiques, lui ont donné description, topographie et détails du pays qu'il désirait parcourir. Mais les aventures, les incidents, les études de mœurs ? Eh bon Dieu ! comment voulez-vous que les chemins de fer, les bateaux à vapeur, lui laissent le temps et le loisir de s'en préoccuper ; en trois jours il traverse une partie de la France, fait le voyage du Rhin et revient à Paris par la Belgique ! C'est à celui dont il a acheté le livre à avoir bien vu et bien étudié.

Le chasseur, heureusement , ne se contente pas de si peu : il lit, mais il veut voir. Sachant que pour faire un bon civet de lièvre , il faut, avant tout, un lièvre, il marche, va, vient, fait des déplacements jusqu'à ce qu'il soit arrivé à ses fins. Toujours et en toutes saisons , il peut trouver à faire parler la poudre , comme disent les Arabes ; mais chercher à lui en faciliter les moyens , n'est-ce pas bien mériter de saint Hubert ?

C'est donc dans l'intérêt de tous que j'ai cherché à faire entrer autant de documents utiles que pouvait le comporter un cadre restreint, et si les renseignements pour la chasse à tir en France remplissent leur but, aux époques de migration des animaux, les moyens de locomotion, si variés dans notre belle patrie, seront trop peu nombreux pour la foule des sportsmen. Nos professeurs de chasse, nos observateurs naturalistes , tels que le regrettable Elzéar Blaze , le savant d'Houdetot , ayant tout dit, je n'ai pas la prétention de mieux faie , et ne mets ici que ce que j'ai appris *de visu*.

Pour éviter autant que possible les longueurs et les redites , j'ai dû renoncer à prendre la France telle qu'elle est divisée, c'est-à-dire à décrire la chasse dans chacun des 86 départements. La division par les quatre points cardinaux ne pouvait donner que des détails insuffisants ; j'ai donc dû partager mon travail suivant la nature et

les mœurs des animaux, les lieux qu'ils fréquentent,
et éliminer avec soin tous ceux qui ne hantent point
nos montagnes ou nos plaines, nos forêts ou nos
marais, et qu'on ne chasse point à tir.

Cela posé, entrons en matière.

Les montagnes que j'appellerai du premier ordre
sont celles qui, ayant des neiges éternelles, des glaciers, des pics immenses, des précipices béants, des
pâturages alpestres, voient au-dessous de cette
zone leurs flancs se couvrir de sombres et sécukai-
res forêts de sapins.

De même que leur nature est toute spéciale, leur
flore toute différente, de même certains animaux
qui y vivent ont des mœurs, des habitudes, que l'on
chercherait vainement ailleurs. La manière de les
chasser varie donc aussi nécessairement, et il est
important d'entrer dans des détails techniques.

Bouquetins. — Trois chaînes de montagnes de
premier ordre existent en France : les Pyrénées,
les Alpes, le Jura. Leurs cimes les plus élevées,
leurs pics les plus ardus, leurs précipices, leurs
glaciers, leurs herbages savoureux, servent d'habitation, de chemins, de nourriture, aux chamois ou
isards, aux bouquetins farouches, au front orné
d'immenses cornes recourbées. Ce dernier, chassé
trop fréquemment, a presque disparu de France ;
mais les versants méridionaux des Pyrénées, vers

les frontières de la Navarre et de l'Aragon, servent souvent de refuge à des hordes qui se mêlent fréquemment aux bandes d'isards.

Isards. — Ces charmants quadrupèdes, ces antilopes des neiges, sont en nombre considérable, et en partant des rivages de la Méditerranée jusqu'à l'Océan, c'est-à-dire de l'est à l'ouest, on en rencontre sur les hauts plateaux du Canigou. dans l'Ariége, la Cerdagne, sur le pic du Gers, comme sur la Maladetta, le grand et le petit Vignemale.

Dans la chaîne des Alpes françaises qui longe la Provence et le Dauphiné, le chamois vit autour des neiges et des glaciers des monts de la Grave et de Pelvaux, sur les pics et dans les précipices du mont Genèvre ; autrefois, il descendait jusque dans la vallée du Grésivaudan, mais maintenant les cimes du Taillefer seules lui servent de retraite, et des groupes isolés paissent au milieu des ravins et des chaos des Hautes-Alpes.

Ce n'est qu'accidentellement que le Jura reçoit la visite de ces hôtes gracieux ; mais, si l'on veut tenter les hasards d'une battue, c'est le pays de Gex qu'il faut choisir.

L'été et l'automne sont les époques les plus favorables pour entreprendre cette chasse ; au printemps, les avalanches sont trop fréquentes pour pouvoir sans danger se hasarder dans la montagne. Dans des conditions de terrain spéciales, au Canigou par exemple, on peut chasser avec des chiens courants, et j'ai été souvent heureux ; mais la plupart du temps c'est une battue faite par les gens du pays qui réussit le mieux.

Láissez au logis les vêtements trop amples et larges : si le vent vient à souffler violemment, ou que vous ayez à passer sur une corniche bordée ordinairement d'un précipice, vous pouvez être accroché ou perdre l'équilibre, ce que je vous engage fort à éviter. Il vous faut une paire de forts souliers armés de clous à tête de diamant et des espardilles espagnoles ou le vulgaire chausson de lisière : les premiers sont indispensables pour marcher sûrement sur les glaciers, les neiges, les terrains en pente gazonnés ; les seconds, pour passer sur les rochers quartzeux ou granitiques, et surtout sur les couloirs d'avalanches, qui, polis, brillants, offrent des aspérités à peine assez fortes pour retenir sur leur pente rapide l'audacieux qui ose les traverser.

Que vous chassiez au chien courant, à l'affût ou au traque, placez-vous toujours à bon vent. Le chamois ou l'isard a le nez d'une délicatesse exquise, et il est payé pour redouter l'odeur du chasseur. Soyez matinal, c'est essentiel, et sachez choisir vos guides : ils se disent tous excellents, mais les bons sont rares.

Si vous êtes de première force comme tireur, chargez à balle franche, sinon la chevrotine ou le plomb n° 1 font merveilles.

Evitez de boire trop fréquemment, et quand vous

le faites, ajoutez à l'eau de la source quelques gouttes de rhum ou d'eau-de-vie ; sans cela , la transpiration arrive abondante , vous êtes exposé à de brusques variations de température, et la maladie va vite. Si la fatigue vous dessèche le gosier, placez dans votre bouche de petits cailloux, que vous changez quand ils sont échauffés.

Quand vous gravissez les premières pentes de la montagne, n'imitez pas ces chasseurs novices qui marchent le nez au vent et le jarret tendu : ils n'iront pas jusqu'au bout. Voyez le montagnard : il se penche en avant, monte lentement et en zig-zag toutes les fois qu'il le peut.

Une fois au poste, il ne faut pas plus bouger que les blocs de rochers qui vous entourent ; si vous êtes à bon vent et bien immobile, les isards passeront à dix pas de vous ; n'écoutez pas les battements de votre cœur, et visez en pleine poitrine ou au défaut de l'épaule.

Perdrix blanche. — Dans les mêmes régions vivent les perdrix blanches (Lagopèdes alpins) ; on les rencontre presque toujours sur le bord des neiges ; elles sont faciles à tirer, mais très difficiles à faire partir sans chien, et surtout à apercevoir quand elles sont envolées ; leurs plumes blanches se confondent si bien avec le blanc immaculé de la neige, que l'habitude seule vous permettra de tirer sûrement ; quand elles prennent leur vol, les mâles font entendre un cri qui ressemble au bruit d'une crécelle d'enfant, et elles parcourent un large demi-cercle avant de filer droit.

CORNEILLE A BEC ROUGE. — Ce n'est guère que dans les hauts plateaux, dans les hauts pâturages qui couronnent les ravins, que vous rencontrerez la corneille à bec et à pattes rouges; elle niche dans les rochers; le mâle quitte peu les alentours du nid, et ses allées et venues l'indiquent facilement; mais souvent on ne peut s'en approcher, car il est presque toujours sur le penchant d'un précipice. C'est un oiseau charmant, qui s'élève facilement, et qui peut apprendre à prononcer quelques mots. Cette corneille recherche les troupeaux, et les suit dans la montagne. Au lac Noir, près de Molitg, dans les Pyrénées orientales, j'avais cassé le guidon à un beau mâle que j'ai conservé en vie pendant de longues années.

En quittant la zone des neiges, la végétation ne se développe qu'avec l'élévation de la température. Au milieu des larges touffes de rhododendrons, de genévriers, poussent déjà quelques sapins rabougris. Plus bas, ils s'élancent forts et vigoureux, forment des forêts impénétrables au soleil, couvrent les flancs des montagnes, se mêlent aux pins, aux mélèzes, aux ifs. Puis, plus bas encore, aux essences résineuses viennent s'ajouter les bouleaux, les hêtres, les frênes, les tilleuls, abritant sous leur dôme l'airelle ou myrtille à la baie nourrissante, les framboisiers argentés, les fraises odorantes. Les êtres animés deviennent plus nombreux : les uns y ont élu domicile, les autres n'y restent que pendant certaines époques et, comme tous les animaux de passage, y arrivent et en repartent à des époques fixes.

Ours. — Les ours ne se rencontrent que dans nos trois grandes chaînes de montagnes, et plus fréquemment dans les Pyrénées que dans les Alpes ou le Jura, parce que le versant sud, depuis les frontières de Catalogne jusqu'aux provinces basques, leur offrent, en Navarre et en Aragon, des retraites, sinon inaccessibles, du moins rarement troublées, car la population est peu considérable et le nombre des chasseurs fort restreint, tandis que ceux qui se rencontrent dans les Alpes ou le Jura ne viennent qu'y chercher un repos momentané, repos qu'ils n'ont pu trouver en Suisse, et ils y retournent aussitôt qu'ils le peuvent.

On peut chasser l'ours avec des chiens ; mais, plus une meute est aguerrie, plus elle est mordante, plus tôt elle est détruite : un coup de patte, un coup de dent, ont bientôt raison du chien le plus vigoureux, et il est bien difficile de remplacer de bons serviteurs et de combler les vides. C'est donc avec des traqueurs que la chasse doit se faire. Choisissez pour faire faire le bois des hommes capables ; après avoir suivi les traces jusque dans un fort, qu'ils s'assurent, avant de venir au rapport, que la bête n'a point quitté l'enceinte. Trois ou quatre heures de montée, souvent à pic, sont bonnes à éviter, surtout si c'est pour trouver buisson creux.

Que les traqueurs obéissent à un chef, qu'ils attendent un signal avant de se mettre en mouvement et aient soin de toujours marcher de façon que les ailes dépassent le centre, et en faisant le plus de bruit possible ; pour les tireurs c'est le contraire : le silence et l'immobilité sont des causes principales de réussite.

Si l'ours vient à vous, attendez-le, ne tirez votre premier coup de feu qu'à dix pas. Si vous le manquez ou le blessez, il se lève ordinairement debout, et vous présente ainsi un superbe point de mire. S'il tombe, ne courez pas sur lui comme un écervelé, vous courriez le risque d'un coup de patte ; restez au repos, rechargez vivement, et s'il remue encore, envoyez-lui une balle sous l'oreille ; sinon, laissez-le s'éloigner ; ne criez pas, et votre voisin achèvera l'œuvre que vous avez commencée.

Quand vous aurez tiré un ours, si votre balle est arrivée à son adresse, vous ne pouvez pas vous y tromper, il poussera un grognement rauque et enverra un formidable coup de patte du côté par où la balle l'aura atteint.

Comme le but de cette chasse est, tout en défendant les récoltes, de se procurer une belle fourrure, attendez la fin de l'automne, le courant de l'hiver, ou les premiers jours du printemps. En été, le poil est court et tombe facilement ; mais en hiver, il faut que vous ayez assez de feu sacré pour braver neiges et frimas, et aller chercher maître Martin dans son rocher ou son tronc d'arbre. Dans tous les cas, si vous êtes prudent, cette chasse n'offre aucun danger sérieux, et non-seulement vous pouvez vous donner des émotions tout en courant peu de risques, mais vous parcourez des pays admirables et des sites qui défient la description.

Les départements de l'Aude et des Hautes-Pyrénées ont des ours dans plusieurs de leurs cantons; mais l'ours marche beaucoup : un jour il est ici, le lendemain à plusieurs lieues; c'est donc à vous à vous renseigner pour connaître la forêt que vous devez attaquer.

COQ DE BRUYÈRE. -- Là où vit l'ours, là vit aussi le coq de bruyère ou tétras; c'est l'un des plus gros et des plus beaux oiseaux que nous ayons en France. Sa taille, son plumage noir brillant de reflets métalliques, le rouge vif dont ses yeux sont entourés, ses jambes couvertes de plumes jusqu'aux ongles, ses mœurs, ses habitudes, en rendent la chasse des plus intéressantes. Sa femelle, beaucoup plus petite, est d'un plumage roux-brun, strié de noir, de blanc pur et de cendré.

Il recherche les grandes forêts de sapins, et se nourrit de jeunes bourgeons, des fruits de l'airelle, des faînes de hêtre et des insectes qu'il rencontre. Le matin, au lever du soleil, le mâle chante sur la cime d'un sapin ; on peut alors l'approcher d'assez près pour pouvoir le tirer; mais, dès l'instant que son gloussement se ralentit, il faut s'accroupir et rester dans une immobilité complète, puis reprendre une vive allure quand il recommence à chanter, sans cela l'oiseau s'envole, et bien des heures s'écoulent avant de pouvoir le retrouver dans le jour. Il affectionne les pentes couvertes de rhododendrons, de bruyères ; puis, le soir, il revient au bois.

La femelle pond dans le courant de mai ; les petits, au sortir de l'œuf, mangent et courent tout seuls. Dans le mois de juillet ou au commencement d'août, ils sont déjà gros comme de fortes poules ; le nid est placé par terre, sous une grosse touffe de buissons. Quand on a tué la femelle, les petits s'éloignent peu, se rallient en compagnie, et on peut les tuer les uns après les autres.

Le chien chasse très bien le coq de bruyère, qui s'enlève difficilement et marche avec vitesse et vigueur.

La quête est rude pour le chien : les ronces, les lianes, les chardons et orties de montagne, mettent à chaque pas obstacle à son ardeur, et ce n'est qu'à force de persévérance qu'il finit par triompher.

En France, le coq de bruyère se rencontre dans le Jura, les Vosges, l'Auvergne, les Pyrénées ; mais au printemps sa chair n'est pas bonne : elle a de l'amertume et une odeur très prononcée de térébenthine, qui lui vient des bourgeons et des jeunes pousses de sapin, qui, à ces époques, forment sa principale nourriture.

Le tétras, étant très garni de duvet et de fortes

plumes, est rarement abattu avec du petit plomb, à moins qu'il ne parte sous le nez du chien : aussi est-il prudent de charger avec du n° 3, ou tout au moins du gros 4. Comme je l'ai dit plus haut, à l'ouverture de la chasse il tient bien l'arrêt, part assez franchement ; mais, quand il a reçu quelques éclaboussures, il court sous le fourré, se fait battre, et ne s'enlève que lorsqu'il se croit hors de portée : aussi est-il bon alors de se servir des cartouches à grille, système anglais.

GÉLINOTTE. — La gélinotte appartient à la famille des tétras, mais la taille et la couleur diffèrent ; le mâle atteint la grosseur d'un coq ordinaire ; la femelle est un peu plus petite, ses plumes sont moins rousses ; tous les deux sont striés de gris cendré, de blanc pur, et de petites bandes noires transversales. Ses tarses et ses doigts sont couverts de plumes jusqu'aux ongles.

La gélinotte recherche des penchants couverts de bruyère, l'exposition au soleil, mais ne s'éloigne guère des grandes forêts de sapins. Elle perche volontiers et se cache au plus épais des branches. Le chien la chasse facilement ; elle tient bien l'arrêt, et quand elle s'envole, de même que le grand tétras et le lagopède alpin, elle décrit un large demi-cercle avant de prendre sa direction. Cette particularité rend son tir plus facile : il s'agit d'attendre que la fin de l'évolution la rapproche du tireur ; mais si elle part sous bois, ou dans un terrain accidenté, il faut faire de son mieux et tirer vite.

Le matin, on la trouve dans les clairières où poussent l'airelle, la mûre sauvage, les fraises, où les faînes de hêtre sont nombreuses, et aux alentours des fourmilières, qu'elle recherche volontiers. Pendant la chaleur, elle fréquente le bord des torrents et se repose sous les bruyères, souvent même sous des quartiers de rocher.

Quelques-unes restent toute l'année en France, mais en général elles arrivent au mois d'avril, pour s'éloigner à la fin de novembre. On la trouve dans les Pyrénées, mais en bien plus grand nombre dans le Jura, les Vosges, les Ardennes et les Hautes-Alpes. Il est excessivement rare d'en trouver dans nos départements du centre, et en tuer une est un véritable événement.

Quand elle est blessée, elle court peu : ses jambes sont courtes et ses ongles longs ; mais elle se cache avec une grande habileté sous des racines, des pierres, des troncs d'arbres renversés ; vingt fois vous passerez à côté d'elle sans vous en douter ; mais un chien sage et qui ne s'emporte pas n'est jamais la dupe de pareils stratagèmes. Le plomb que vous devez employer est le n° 6 pour les fusils de fort calibre, ou le n° 7 pour les autres.

Le Loup. — Heureusement pour les chasseurs à tir, malheureusement pour les troupeaux, quelquefois même pour les habitants, le loup se rencontre dans toutes les contrées de la France ; mais une remarque à faire, c'est qu'il est beaucoup plus rare dans les forêts de sapins que dans les cantons couverts de bois dont les essences ne sont point résineuses, et les grands taillis de chênes, de hêtres, les ravins à la végétation luxuriante, paraissent lui plaire davantage.

Quoique le nombre de ces carnassiers soit encore considérable, il tend à diminuer d'année en année, et certaines circonscriptions de louveteries, qui autrefois exigeaient des battues continuelles, sont devenues de vraies sinécures.

Le loup n'est voyageur que par nécessité ; la faim ou le danger le décident seuls à changer de résidence. Il suit les troupeaux, et, dans les départements où on a l'habitude de leur faire quitter la plaine pour les montagnes, à la fin du printemps, messire loup gagne en même temps qu'eux les hautes régions et y reste jusqu'au moment où la neige force tout être vivant de rapine à chercher des contrées moins rigoureuses ; quelques-uns néanmoins demeurent toute l'année dans les basses terres ; et, aux environs de Toulouse, dans la forêt de Boucone, j'en ai tué un au mois de juillet, et dans les Cévennes, à Saint-Félix-Despaillères, un autre au mois d'août. Règle générale, pourtant, il part en été pour les hauts pays ; en hiver, il redescend et ne craint pas alors de s'approcher des habitations et même des villages.

On chasse ou on prend le loup comme on veut, ou plutôt comme on peut : car, à une vigueur de jarret incroyable, il joint la prudence et la méfiance ; toujours sur le qui-vive, il appelle à son aide les subtiles facultés que la nature lui a départies : l'ouïe, la vue, l'odorat ; par malheur pour lui, il a aussi le sens du goût très développé, ou, mieux encore, une faim presque continuelle, et, pour la satisfaire, il risque souvent le tout pour le tout.

Les chiens chassent le loup avec entrain, et quelques veneurs ont eu le rare bonheur de le forcer ; cependant ce n'est que tout à fait exceptionnellement, et c'est presque toujours par un coup de feu que le drame se termine.

Les capitaines et les lieutenants de louveterie président et commandent des battues, dont les résultats sont bons en ce que, si parfois on ne tue rien, on a du moins fait tant de bruit que les loups ont déguerpi pour longtemps et ont été chercher fortune chez le voisin.

L'affût au loup jouit d'une certaine réputation ; mais les nuits succèdent aux nuits, la lune projette ses douces clartés sur la campagne silencieuse, et on ne voit rien venir. Cependant, que le mouton orné d'une sonnette, qui a été emmené comme appât, reste deux heures seul, et, au retour du chasseur, mouton et sonnette auront disparu : cela prouve qu'il y a des loups, mais qu'ils ont le nez trop fin pour ne pas éventer la présence de l'homme. Ce n'est qu'en plein hiver, par les temps de froid et de faim, que l'affût peut réussir. A cette époque, dans certains pays, comme les hautes Cévennes, la Lozère, l'Auvergne, le Jura, les Vosges, il n'est pas rare de tuer des loups dans les cours des fermes ou aux abords des bergeries.

Les piéges allemands à palettes, les assommoirs, réussissent quelquefois; mais un fusil chargé de chevrotines, de bons chiens et des battues bien organisées, sont les meilleurs moyens de destruction. Mis hors la loi, le loup peut être chassé en tout temps et partout; il n'y a donc ni lieux ni époques à désigner d'une façon spéciale.

Le Lièvre. — Sur la montagne comme dans la plaine, dans le bois comme dans le marais, que le pays soit riche ou pauvre, peuplé ou solitaire, le lièvre se rencontre partout. Par un temps humide, froid ou brumeux, il quitte la verdure pour se raser dans les champs labourés, sur des tas de pierres, sur des murs en pierres sèches; si le vent souffle, il cherche les penchants abrités, les buissons épais, les fossés desséchés; quand le soleil est brillant, la température chaude, il se gite dans les luzernes, les trèfles, les champs de pommes de terre et de betteraves, les vignes, les taillis. Sur la montagne, il affectionne les touffes de genévriers, les genêts, les bruyères; dans les marais, les îlots bien secs, les joncs et les roseaux touffus et enchevêtrés, les petites digues et les fossés à sec.

Dès que le silence se fait dans la campagne, que la nuit projette ses premières ombres, le lièvre se met en course pour manger, combattre et aimer. Aux premières lueurs de l'aube, il n'a plus qu'un but, celui de choisir un abri et de dissimuler ses traces. Les ruses qu'il emploie sont nombreuses : il saute de côté, marche en droite ligne, revient sur ses pas, bondit par-dessus une haie, un fossé, un buisson, passe sur les rochers en évitant les herbes, recherche les chemins et les sentiers pleins de poussière, et ne se gîte qu'après avoir minutieusement rempli toutes les conditions qu'exige la prudence.

Si l'on veut chasser le lièvre au chien courant, c'est donc très matin qu'il faut se trouver sur le terrain de chasse et mettre les chiens en quête ; quand ils ont trouvé et qu'ils rapprochent, suivez-les de près, si vous voulez tirer au déboulé ; sinon, allez vous placer aux endroits que votre connaissance des lieux, votre instinct, ou les indications des gens du pays, vous ont fait connaître comme les plus sûrs.

Le levraut, une fois lancé, randonne fréquemment, revient au point de départ, se fait battre dans un petit périmètre, mais le grand lièvre, surtout le mâle ou bouquin, s'il est poursuivi trop vivement, prend un parti et fait voir du pays aux chiens et au chasseur ; aussi, pour augmenter les chances de tir, l'emploi des bassets est-il préférable, parce que, quêtant le nez près de terre, ils perdent beaucoup moins, ou s'ils le font, reprennent facilement ; leur construction les empêche de s'emporter, ils doivent donc moins tomber en défaut ; le lièvre, se croyant sûr de les distancer en deux bonds, s'arrête quand il a pris de l'avance, dresse les oreilles, se soulève à moitié en écoutant ; puis, satisfait de savoir ses ennemis encore loin, cherche une ruse pour leur faire perdre sa trace, et il y réussit quelquefois.

Ceci me rappelle un fait assez singulier, qui prouve que le lièvre n'est pas aussi dénué d'esprit que l'on veut bien le dire.

Dans les Cévennes, le château de Saint-Félix-Despaillères, appartenant à ma mère, était entouré de bois de chênes, de taillis, de châtaigneraies, de champs, de vignes, faisant partie du domaine et qui servaient de refuge à toutes espèces de gibier ; le garde, que j'avais choisi moi-même, était un ancien soldat de marine, brave et énergique, faisant bien son devoir, mais tirant un coup de fusil comme il parlait le français, c'est-à-dire indignement ; pour moi, un garde maladroit est une perle précieuse. A force de suivre les chiens à la chasse, il avait acquis, sinon de l'habileté, du moins la connaissance des habitudes du gibier, appuyait les chiens à propos, savait relever un défaut, tenait le chenil en bon état, et, quand il y avait bataille entre ses dix-huit habitants, il les rappelait à l'ordre en leur criant : « Allons, allons, Messiurrs, soyllions sazes. »

Un matin, nous avions découplé les bassets dans un champ dont le blé était nouvellement sorti de terre, et qui en maintes places portait la marque de dents rongeuses ; la voie fut promptement débrouillée, et, quelques minutes après, les échos de Combescure retentissaient des accents triomphants du lancer. Après une heure de poursuite, la chasse revenait presque au point de départ, lorsque, au pied d'une vieille ferme en ruine, les chiens tombèrent en défaut sans pouvoir le relever, et nous abandonnions le terrain après d'infructueuses recherches et de vaines tentatives. Le lendemain, le surlendemain, même histoire : les ruines avaient été fouillées, les pierres retournées; c'était à se donner au diable, et Julien, le garde, n'y manquait pas; les chiens eux-mêmes, fous d'ardeur, couraient de tous côtés, aboyaient furieusement, fourraient leur nez partout, rien n'y faisait : le lièvre avait disparu sans laisser de trace.

Le quatrième jour, c'était un jeudi, je donnai l'ordre à Julien de ne découpler qu'après que j'aurais été me cacher au pied de la masure, et je m'installai dans une large touffe de chênes verts et de bruyères, d'où je pouvais voir l'ensemble des ruines. Après une faction qui commençait à me paraître un peu longue, la voix des chiens retentit à l'entrée du vallon; ils étaient en pleine chasse et se rapprochaient rapidement. Quelques instants encore, et le bruit sec d'une petite branche cassée m'annonça l'arrivée du lièvre, qui vint s'arrêter en face de moi, devant le tronc d'un vieux châtaignier penché par le temps et dont une branche décharnée et dénudée en partie semblait chercher un appui sur l'un des pans de mur encore debout. Après avoir écouté d'un air inquiet, fait jouer ses oreilles comme les bras d'un télégraphe Chappe, mon lièvre saute tout à coup sur une large pierre, d'un bond atteint le vieux châtaignier, gagne la branche, de là le mur, franchit un assez large intervalle pour retomber sur un pan plus élevé et va se blottir entre les racines d'un figuier sauvage, sous une plante de lierre, au plus haut de la masure.

Les chiens arrivent, vont jusqu'à l'endroit où le lièvre s'est arrêté, puis restent indécis, lèvent le nez, se débandent, courant de tous les côtés ; l'un d'eux saute sur la pierre, jette un long hurlement de joie ; tous se précipitent, se poussent, se bousculent, aboient par saccades en écartant les jambes et la tête en l'air : le lièvre a passé par là, c'est évident ; mais il n'y est plus, sa piste s'arrête là : voilà pourquoi ils jappent d'impatience en nous regardant.

Quand j'eus expliqué à Julien la ruse du lièvre, et lorsque le pauvre animal, délogé de sa demeure aérienne, fut happé par les chiens, il prononça une oraison funèbre dont le passage le plus saillant était :

« Pour une bête, *cette lièvre* n'était pas bête ! » N'êtes-vous pas de son avis ?

Le chien d'arrêt chasse et arrête très bien le lièvre ; mais en général c'est par hasard qu'il le rencontre. Quelques personnes laissent leur chien courir après ; mais outre qu'un épagneul, un braque, un pointer, ne sauraient attraper un lièvre à la course, il est impossible que, fatigué par une course rapide, votre indispensable compagnon puisse continuer à chasser fructueusement, et, pour un lièvre blessé qu'il vous rapportera peut-être, vous courez le risque de ne pas tirer un second coup de fusil ; il vaut donc mieux perdre une pièce de gibier que de gâter son chien.

On tue beaucoup de lièvres en battue ; cependant j'en ai vu de parfaitement manqués à quinze pas, principalement par les jeunes chasseurs, qui visaient le lièvre à la tête, au lieu de tirer au bout des pattes quand il venait droit à eux.

Le fusil est un ennemi dangereux, tapageur, et le lièvre a parfaitement raison de le redouter. Mais il ne se méfie pas assez d'un engin autrement destructeur, de l'infâme collet, qui l'attend au coin du bois, dans les coulées qu'il suit habituellement pour sortir de chez lui ; du collet ! qui le guette lorsqu'il va courir les aventures, qui le saisit au retour d'un bon repas, d'une nuit de plaisir, qui l'étrangle et le laisse étendu sans vie au seuil de sa retraite favorite. La loi heureusement a cherché à le protéger ; mais que de gendarmes et de gardes il faudrait pour éviter ou pour punir ces assassinats !

Me trouvant au château de la Motte, dans Loir-et-Cher, chez l'un de mes cousins, le vicomte de Lassale, et chassant avec lui et M. le baron de Bourqueney, son voisin, nous entrâmes dans un taillis où, dans l'espace de quelques minutes et sur une étendue d'à peu près deux cents mètres, nous ramassâmes cinq lièvres morts ignominieusement.

N'eût-il pas été plus glorieux pour eux de mourir

sur le champ de bataille, sous les atteintes du plomb n° 5, mais ayant toute liberté de déployer force, vitesse et ruses ?

Le Lapin. — Tant que le chasseur trouve d'autre gibier, il méprise volontiers le lapin, et ce n'est qu'accidentellement qu'il en tire un par-ci, par-là; aussi l'époque de l'ouverture de la chasse ne fait-elle pas trop de victimes; mais quand arrive le mois d'octobre, alors commence pour le pauvre Jeannot une longue série de mésaventures. Chassé au chien courant, au chien d'arrêt, au furet, en battue, au collet; traqué, poursuivi, condamné à mort même de par la loi, le lapin n'a même pas de repos après sa mort: le commerce s'empare de sa peau, l'Auvergnat parcourt toute la France, et le cri : *Oh! pôô lapein!!* retentit dans les quatre-vingt-six départements.

Le lapin fuit les endroits humides, aime à se chauffer au soleil; mais, dès qu'il est pourchassé, il gagne au plus vite son logis souterrain. Si vous voulez l'en faire sortir, il ne faut pas mettre tout de suite le furet dans le terrier : laissez-lui le temps de se remettre de sa frayeur; sans cela, il se laissera saisir sans résistance, saigner jusqu'à ce que mort s'ensuive, le furet s'endormira, et vous monterez une fort ennuyeuse faction en attendant son réveil. Si pareil désagrément vous arrive, cherchez avec soin les bouches du terrier, fermez-les toutes, sauf une, la principale, mettez quelqu'un pour la surveiller, et ne perdez pas là un temps qui peut être beaucoup mieux employé.

Si vous chassez le lapin sur les bords de la mer, dès que vous en avez tué un, laissez-le par terre quelques instants, et cela, pour donner aux puces, dont il est ordinairement couvert, le temps de l'abandonner, ce qu'elles ne manquent pas de faire aussitôt que le corps devient froid.

Il faut surtout éviter le plomb trop gros; que saint Hubert vous épargne ce qui m'est arrivé tout dernièrement! J'avais été invité à une partie de chasse au bois à Ozouer-la-Ferrière, et, prenant mon sac à plomb pour charger mon fusil, je m'aperçois que, dans la précipitation du départ, j'ai laissé celui qui contenait le n° 7, et qu'il ne me restait que du 4; un frisson m'horripile la peau : ce n'était pas, hélas! sans raison. Après avoir chassé tout le jour, tiré pas mal de coups de fusil sous bois et à courte distance, je rentrais bredouille!

Les chiens courants les plus médiocres chassent le lapin, mais, s'ils lancent fréquemment, ils poursuivent mal : aussi, tout en ayant le soin de n'avoir que de bons chiens, il faut donner la préférence aux bassets à jambes torses, qui généralement sont bien collés à la voie, gorgés en *Stentor*, broussaillent bien, surtout ceux à poil fort, et quintuplent les chances de tir. Si le garde connaît bien le bois, faites-lui boucher une partie des terriers; sans cela, au bout d'une heure de chasse, il faut changer de canton ou rentrer au logis.

Dans les battues, il faut choisir ses voisins, faire face au bois en se plaçant tout à fait sur le bord des allées ou des lisières ; sans cela, gare aux grains de plomb. Ne tirez pas en face d'un mur, d'un rocher lisse, d'une grosse pierre sans mousse, le plomb peut ricocher ; j'ai été pincé à une oreille, et, comme le mousse Grain-de-Sel d'Alexandre Dumas, j'ai mieux aimé cela que si j'avais eu un œil crevé.

N'assassinez jamais un malheureux lapin au gîte, laissez-lui la chance de pouvoir se sauver ; mais personne ne vous en voudra si vous en tuez un avec les pieds, comme il est arrivé à un de mes bons amis, Ernest Ricome, mort il y a quelques années. Nous chassions chez lui, à Fontanès, les chiens menaient rondement un lièvre ; en changeant de poste, mon ami, pour gagner du terrain, monte sur un mur en pierres sèches, saute dans une touffe de lavande, glisse, tombe et entend un couic de détresse : sous la lavande, un lapin gigotait ayant les reins brisés.

Si cela vous amuse d'aller à l'affût, libre à vous ; cherchez un de ces endroits où le lapin vient déposer en petits tas ce que pour le cerf on nomme *fumées*, et qui porte un tout autre nom pour le lièvre, le lapin et une foule d'autres quadrupèdes ; cachez-vous à portée de fusil, en ayant soin que le terrain que vous avez à surveiller se trouve bien éclairé par la lune, tandis que vous resterez dans l'ombre. Si vous trouvez qu'un lapin vaille deux ou trois heures d'immobilité complète, un bon rhume de cerveau, ou des piqûres d'insectes, il est probable que vous tirerez, mais probablement aussi trop haut, car, dans la nuit, c'est ce qui arrive presque toujours.

Si vous tenez à conserver des lapins dans vos propriétés, il faut leur faire construire une garenne ou un clapier. De même que le furet, la marte, la fouine, le putois, la belette, l'hermine, sont de dangereux ennemis; il s'agit de rendre cette demeure inaccessible, et le moyen est facile. Les pierres qui formeront la base du clapier doivent être disposées de façon à ne laisser aucun intervalle entre elles et affecter la forme d'une étoile dont les rayons aboutissent à un centre commun disposé en chambre d'un mètre de haut. Chacun des rayons est un couloir dont la bouche extérieure doit être assez resserrée pour empêcher les chats d'y pénétrer; au milieu des couloirs il faut enterrer jusqu'au ras de terre, et sans laisser de passage à gauche ou à droite, un vase profond en terre bien vernissée; le lapin franchira facilement cet obstacle, ou, s'il y tombe, en sortira aussitôt, tandis que les animaux de rapine, ne pouvant ni sauter ni grimper contre une surface lisse, périront dans un cul de basse-fosse, digne fin de leurs méfaits. La garenne jouissant de l'inviolabilité du droit d'asile, messire Jeannot en appréciera vite les avantages, surtout si elle est placée dans de bonnes conditions, c'est-à-dire au centre d'un bois ou taillis, pas trop loin des champs, mais surtout dans un endroit parfaitement sec et à l'abri de toute infiltration.

Le clapier doit être fait en pierres sèches, recrépi si l'on veut, et former un dôme que l'on recouvre de terre et de mottes de gazon.

Si vous avez de la difficulté à vous procurer des femelles sauvages, lâchez dans la garenne une douzaine de femelles domestiques pleines ; elles y mettront bas et, quelques mois après, vous verrez les lapins aussi nombreux que vous le désirez, et plus peut-être.

Le Renard. — Le *fox huntings*, bon pour l'Angleterre, étant à peu près impossible en France, où le morcellement des propriétés, la nature du terrain, les cultures spéciales, l'amour du paysan pour son champ, opposent d'infranchissables obstacles à cette espèce de course au clocher, je considère le renard comme animal de tir.

On le trouve partout, depuis les bords de la mer jusque sur les plus hauts plateaux de nos grandes montagnes. Toujours aux aguets, toujours en chasse, c'est à peine s'il dort quelques heures pendant le jour. Il se nourrit bien, choisit ses morceaux quand il est dans l'abondance, mais sait aussi se contenter de peu pendant les mauvais jours : levrauts, lièvres, lapins de garenne ou de choux, perdreaux et perdrix, cailles, hallebrands ou gros canards sauvages ou de basse-cour, coqs et poules, œufs frais, raisins, pommes, voilà pour les grandes fêtes, les galas, et il les renouvelle aussi souvent qu'il le peut; quelle dure nécessité pour lui que celle de n'avoir à croquer que de maigres mulots, musaraignes, de gluants colimaçons, des mûres de haies, des graines de genièvre, des baies âpres de noirprun et jusqu'à des coléoptères; après de pareilles infortunes, il sent toutes ses facultés surexcitées et redouble d'ardeur pour se procurer plus délicate pitance.

On a beaucoup parlé, beaucoup écrit sur la haute intelligence du renard : ce brevet de capacité, octroyé assez facilement, ne se fonde que sur des ruses, des habitudes partagées au même degré par bien d'autres animaux; il serait cependant injuste de ne pas laisser au renard le bénéfice d'une partie de sa réputation, tout en n'admettant qu'avec réserve les contes par trop excentriques. Ses brillantes qualités se déploient quand il chasse pour son compte, ou quand, à son tour, il est chassé; remplir son estomac, ou sauver sa peau, sont deux mobiles assez puissants pour donner de l'intelligence aux plus bêtes.

Quand il veut avoir un lièvre ou un lapin, il sait d'avance que, s'il ne le surprend pas au gîte, il pourra se passer de déjeuner : aussi s'arrange-t-il en famille, ou avec un voisin complaisant, pour chasser de compagnie. Ils battent les buissons, cherchent une piste; leur odorat est subtil. Celui qui rencontre se fait petit, rase le sol, s'approche à pas lents, lève le nez, tend le col et le jarret, pendant que sa queue balaye le sol avec de légères ondulations : si, dans sa marche prudente, il fait bruire une feuille, remuer un caillou, il reste immobile, la patte en l'air, le corps tendu, et donne à la victime qu'il convoite le temps d'oublier son effroi ; dès qu'il est à bonne portée, il se rassemble, se ramasse, bondit ; mais, souvent une branche, la touffe qui sert de gîte au lièvre ou au lapin, paralysent son élan ; c'est une chasse à courre qu'il faut entreprendre ; il donne aussitôt quelque coups de voix pour avertir son compagnon et détalle le nez sur la piste, en jappant. L'autre renard cesse ses recherches et s'élance sur un rocher, un monticule, un tronc d'arbre, pour observer de quel côté se dirige la chasse ; puis, en veneur consommé, il coupe au plus court, et va s'embusquer au plus vite à l'endroit qu'il juge convenable. Ses connaissances locales lui servent à bien choisir, et quand le lièvre, tout occupé de celui qui le poursuit, passe à bonne distance, il est saisi, étranglé, avant d'avoir pu soupçonner le danger.

Le renard affectionne les grands taillis, surtout ceux qui sont à proximité de rochers, où il aime à établir sa demeure, qu'il regagne prestement au moindre signal d'alarme. Quand un renard est terré, il faut le laisser quelque temps en repos avant de l'attaquer ; sans cela il se bat très courageusement, triomphe quelquefois du chien terrier, ou se laisse asphyxier si on l'enfume. Ce dernier moyen est excellent, surtout pour les terriers qui n'ont pas une trop grande étendue ; mais encore faut-il prendre quelques précautions. Dès que les chiens ont marqué l'entrée, il faut, avec soin, chercher toutes les ouvertures ; si on agit avec négligence, maître renard décampe par le point que l'on soupçonnait le moins ; toutes les issues bien connues, conservez intacte la plus rapprochée du sol et celle qui est la plus élevée, bouchez toutes les autres avec des pierres, puis de la terre et une motte de gazon qui les ferme hermétiquement et que l'on tasse avec le talon : cela terminé, ne faites plus de bruit, éloignez ou attachez les chiens. Pendant que le garde va chercher une botte de paille ou de foin, surveillez attentivement : car il m'est arrivé, après un quart d'heure de silence, de voir déguerpir le prisonnier, peu soúcieux d'attendre le résultat du travail qu'il avait entendu s'opérer au-dessus de lui. Dès que le garde est de retour, placez de la paille dans le trou inférieur, faites-la pénétrer aussi avant que possible, puis mettez-y le feu ; activez, en agitant l'air avec votre chapeau ou votre casquette, et quand il est bien allumé, ajoutez de la paille légèrement mouillée, et quelques petites branches de buis qui dégagent, en brûlant, une odeur forte et pénétrante. Pendant que l'un entretient le foyer, l'autre doit, le fusil à la main, surveiller la bouche supérieure, en évitant, toutefois, de trop s'en approcher. Si, après quelques instants, on s'aperçoit que la fumée s'échappe par quelque fissure ou quelque trou, il faut boucher immédiatement, afin que l'air ne puisse se renouveler intérieurement. Si le terrier est grand, jetez sur la paille qui flambe quelques pincées de poudre, mais ne vous servez jamais de votre poire à poudre pour cela : versez dans la main, prenez avec les doigts, ou mieux encore avec un bâton aplati au couteau ; l'odeur du soufre agit vite et sûrement : quelques minutes s'écoulent, puis on entend un éternument, un deuxième, un troisième ; ils se succèdent, sont plus distincts, se rapprochent, et, du milieu d'un tourbillon de fumée, s'élance, le nez en l'air, la queue serrée, maître renard à moitié boucané.

Lorsque l'on tire un de ces animaux, il est excessivement facile de reconnaître si le coup a porté en plein ou dans le vide. Si le plomb l'a atteint, même légèrement, la queue fouette en l'air en formant un cercle ; si la blessure est grave, non-seulement les cercles se multiplient, mais, tout en courant, il mord la partie lésée ; tandis que si le coup a été mal dirigé, nul signe d'effroi ou de colère ne se manifeste. Le n° 4 est d'une bonne grosseur, et à quarante ou cinquante pas arrête très bien un renard sur cul ; pour le tirer à bonne portée, que ce soit au poste ou à l'affût, il faut faire grande attention à se placer à bon vent.

Il est un moyen bien simple de se rendre exactement compte d'où il souffle ; placez à plat, sur le bout des canons de votre fusil, une plume ou une petite bande de papier ; élevez votre arme, et vous serez immédiatement renseigné : cela vaut mieux que de mouiller son index et de le tendre en l'air pour savoir d'où il vente le plus frais.

La Fouine, la Marte, le Putois, la Belette, etc. —La fouine et ses congénères ne peuvent être considérés, en France, comme animaux de tir; mais en raison de leurs instincts et de la destruction du gibier qui en est la conséquence, je crois utile d'en dire quelques mots.

La fouine habite les vieux troncs d'arbres : les chênes et les châtaigniers sont ceux qu'elle préfère ; elle établit sa demeure dans une branche creuse, et s'y construit une couchette avec des herbes sèches, des mousses, quelquefois de la bourre de lapin, des plumes qu'elle recueille sur les ronces des chemins ou sur le corps d'une victime ; j'ai trouvé des couchettes dans l'une desquelles il y avait du coton, et dans l'autre un morceau de gaze verte.

Son corps souple, long et mince, lui permet de se glisser dans les trous, les terriers, les garennes : les lapins, jeunes ou vieux, sont attaqués, saignés impitoyablement ; les nids ne sont pas plus épargnés, œufs ou oisillons sont détruits par elle, et les ravages exercés par une famille de fouines sont incalculables.

Elle aime à vivre en société, mais chasse pour son propre compte. Nos bois de Saint-Félix-Despaillères, dans les Cévennes, pullulaient de cette maudite engeance ; mais, à force de soins et de recherches, mon garde Julien et moi étions parvenus à les extirper complétement.

Julien vint un jour m'avertir qu'il avait vu, quelques minutes auparavant, entrer une fouine dans le pied d'un vieux chêne qu'il me désigna ; nous partîmes aussitôt, armés de nos fusils, munis, en outre, d'une botte de foin, d'une fourche et d'une hache. Le tronc du chêne était creux et résonnait comme un tambour jusqu'à la hauteur des premières branches. Après avoir légèrement mouillé le foin, nous l'introduisîmes avec la fourche dans le corps de l'arbre ; quelques instants après y avoir mis le feu, une colonne de fumée épaisse s'élevait comme dans une cheminée, et sortait par les branches maîtresses, que nous ne soupçonnions pas d'être creuses elles-mêmes. Malgré le crépitement des flammes, nous entendîmes de fréquents éternuments, un bruit de course rapide, et une fouine apparut sur l'une des grosse branches. J'allais la tirer, quand une deuxième, une troisième, puis d'autres encore, sortirent de tous les côtés, effarées, le poil hérissé, la queue en l'air, courant sur les branches, grimpant aussi haut que possible, cherchant où se cacher : au milieu de nos exclamations, la fusillade s'engagea ; les fouines qui n'étaient pas atteintes par le plomb s'élançaient par terre du haut de l'arbre, et Julien, quittant le fusil pour la fourche, les assommait prestement. Pendant ce temps, le tronc du chêne prenait feu ; nous l'éteignîmes, et pûmes compter sept fouines, toutes adultes.

La marte et le putois hantent aussi les arbres creux ; mais, en général, préfèrent les terriers, où ils s'établissent après en avoir détruit les habitants : aussi, quand on chasse avec le furet, faut-il agir avec prudence et ne point le forcer de pénétrer dans un terrier qui offre la moindre apparence suspecte. Du reste, comme je l'ai dit ailleurs, le furet reconnaît le danger ; à peine est-il entré dans une des bouches qu'il en sort à reculons, la queue relevée, soufflant, le dos arqué, signes infaillibles d'un ennemi dangereux. Aussitôt que se présentaient de pareils indices, nous établissions une trappe ou un assommoir, en ayant soin de fermer avec des pierres toutes les autres issues ; le moindre interstice suffit pour laisser échapper le prisonnier, qui, flairant le piége, cherche les moyens de l'éviter, et ne se décide que lorsque la faim lui fait oublier la crainte.

Quand on est en chasse, il est facile de se rendre compte si les bois sont fréquentés par ces animaux : tous, indistinctement, choisissent un ou plusieurs endroits, généralement une pierre isolée, et y déposent le résultat inévitable de leur nourriture, résultat qu'il est impossible de confondre avec celui des autres : il affecte la forme longue, sans solution de continuité, de couleur noirâtre, et le plus souvent mélangé de débris de graines de genièvre, de raisins ou de petites graines de figue.

La belette, l'hermine, malgré l'exiguïté de leur taille, peut-être même pour cette raison, sont de redoutables destructeurs, elles habitent les tas de pierres, les masures en ruine, ne craignent pas le voisinage des maisons, et trottent dans le jour aussi bien que dans la nuit ; elles attaquent tout ce qui a vie, et lorsqu'elles ont surpris un lièvre ou un lapin au gîte, elles se cramponnent sur son corps, se laissent emporter ; mais, comme dans la légende allemande, la mort court avec elles. Leurs crochets, aigus et fins comme des aiguilles, sont implantés dans la nuque de leur malheureuse monture, qui peu à peu ralentit sa course, s'arrête, frissonne, essaye encore quelques pas chancelants, puis tombe sur le côté, se relève, retombe de nouveau pour mourir dans un spasme convulsif.

Il est un moyen à peu près sûr de les attirer sous l'assommoir ou sur le traquenard, en y plaçant une tête de sardine frite ; mais il faut éviter de rien toucher avec les doigts nus : l'odeur seule de la main suffit pour les éloigner. A l'époque de l'accouplement, il m'est arrivé de tuer d'un seul coup de fusil cinq belettes mâles, qui, fort affairées à se disputer les faveurs d'une séduisante femelle, ne m'avaient point aperçu.

Il est donc de l'intérêt du chasseur de chercher par tous les moyens à détruire tous ces carnassiers, dont un seul est plus redoutable que le plus rusé des braconniers. Les chats domestiques qui s'éloignent à un kilomètre des habitations sont des maraudeurs qui doivent être compris dans la catégorie des êtres malfaisants ; un bon moyen de les empêcher de rôder, c'est de leur couper les oreilles au ras de la tête : les gouttes d'eau ou de rosée qui leur entrent dans les tuyaux acoustiques les dégoûtent à tout jamais de la chasse.

Les piéges sont bons ; mais, il ne faut pas se le dissimuler, rien n'est plus sûr que l'affût et la patience.

La Perdrix. — Nous avons en France quatre espèces de perdrix, sans compter la perdrix blanche, dont j'ai parlé dans le premier chapitre ; savoir : la bartavelle, la perdrix rouge, la grise, et la roquette ou perdrix de passage. Je ne dirai rien de cette dernière, par la bonne raison que je n'ai jamais eu la chance d'en rencontrer en France, et beaucoup de chasseurs sont dans le même cas.

La Bartavelle. — Le nom seul de la bartavelle fait vibrer l'une des cordes les plus sensibles de l'amour-propre ; chacun a l'ambition de croire, et il m'en coûte de détruire une illusion, qu'il a tué au moins une fois dans sa vie une bartavelle : mais pour la plupart du temps un gros et vieux coq de la famille des perdrix rouges a été la cause bien innocente de cette douce erreur. Chasseurs des plaines, chasseurs des terrains accidentés, vous n'aurez jamais l'indicible bonheur de peloter une bartavelle, à moins que vous ne fassiez un grand déplacement, que vous ne gravissiez nos plus hautes chaînes de montagnes : c'est sur les hauts plateaux des Pyrénées, des Alpes, des Vosges, du Jura, qu'il vous faut arriver ; c'est dans la zone pierreuse qui sépare les neiges des limites de la grande végétation que vous trouverez la superbe et succulente bartavelle. En hiver, quand la neige couvre la cime des pics, elle descend dans les vallées environnantes, mais *jamais* elle ne quitte les grandes montagnes.

Comme la perdrix ordinaire, elle reste en compagnie jusqu'à l'époque de l'accouplement ; elle tient bien l'arrêt, a un coup d'aile brillant et rapide, et sait se cacher avec intelligence. Un jour, au pic du Ger, j'en avais démonté une et l'avais perdue de vue derrière un amas de roches ; mon chien, après avoir pris le pied, fit deux ou trois faux arrêts après lesquels il reprit une marche assurée, gravit un rocher isolé et se tint ferme comme un piquet devant une fissure à plus de six pieds du sol ; la bartavelle était là, et je ne pus la prendre qu'après avoir ôté mon habit et enfoncé mon bras de toute sa longueur ; quelques pouces de plus et elle était perdue pour moi.

La taille de la bartavelle dépasse au moins de cinq ou six centimètres celle du plus vieux coq rouge ; sa patte a le tarse plus court et le canon plus gros ; ses plumes ont des couleurs plus vives, le gris cendré bleuâtre est beaucoup plus répandu, l'iris de l'œil est gris au lieu de roux, et le rouge qui entoure la paupière est plus prononcé.

Le terrain où elle vit aide à sa conservation ; elle franchit en quelques secondes des ravins, des précipices qui exigeraient de longues heures pour être gravis par le chasseur, qui, malgré le feu sacré, est souvent forcé de renoncer à sa poursuite.

Dans les compagnies, il existe fréquemment des individus ayant de larges places couvertes de plumes entièrement blanches. J'en ai tué un au lac Noir, un autre sur le Canigou ; ce dernier avait le manteau et la couverture de l'aile droite d'un blanc de neige.

Quand le mâle s'envole, il fait entendre un cri qui rappelle celui du lagopède, et le bruit strident de ses ailes étonne le chasseur novice.

Les endroits qu'habite la bartavelle sont principalement : dans les Alpes, les cimes de la Grave, de Pelvaux, surtout le mont Genèvre et les versants français des montagnes du Piémont ; dans le Jura, le haut Bugey ; dans les Pyrénées, le Canigou, le Vignemale, le pic du Ger, et au-dessus du cirque de Gavarni. Il peut certainement s'en rencontrer encore sur d'autres hauts plateaux, mais toujours près des régions neigeuses, et dans les terrains secs et rocheux. Le plomb dont on doit se servir est le n° 5 en pleine saison ; le n° 6 quand les bartavelles sont peu vigoureuses, c'est-à-dire au commencement de la saison.

La Perdrix rouge. — La perdrix rouge est un de nos plus agréables oiseaux de tir : son vol, toujours rapide, acquiert dans certaines circonstances la vitesse d'une pierre lancée par une fronde ; elle court vite et longtemps, ruse avec intelligence et sauve ainsi sa vie en trompant le chasseur.

Une ligne de démarcation tirée de l'est à l'ouest, c'est-à-dire des Alpes à l'Océan, et coupant la France en deux zones à peu près égales, forme la limite que la perdrix rouge ne dépasse que par exception; je ne veux pas dire par là qu'elle ne se trouve pas au nord de cette ligne, mais ce n'est plus que de loin en loin et rarement qu'elle y réside; tandis qu'au midi elle se rencontre à chaque pas, et finit par régner seule et sans partage, dans la plaine, sur la colline, dans les guérets comme sur les montagnes.

La manière de la chasser change suivant le terrain qu'elle fréquente et qui modifie ses habitudes. Dans certains lieux, elle tient parfaitement l'arrêt; dans d'autres, elle part au moindre bruit et à des distances considérables; c'est donc au chien d'arrêt ou en battue que l'on doit l'attaquer.

Dans la Sologne, la Bretagne, l'Anjou, la Bresse, le Dauphiné, les Alpes, la Lozère, les Cévennes, les Pyrénées, elle se laisse parfaitement arrêter; dans la Provence, le Languedoc, où elle recherche le couvert des vignes, elle n'attend pas l'approche du chasseur ou du chien, et part au moindre bruit, même à l'ouverture de la chasse : il est difficile de trouver une raison à cette habitude, puisque les vignes étalées sur le sol lui offrent une retraite au moins aussi sûre, un couvert aussi épais que les genêts et les bruyères, et que la population n'est pas plus considérable que partout ailleurs.

On ne la rencontre dans les grands bois ou les hauts taillis que lorsque, poursuivie trop vivement, elle ne sait plus où se réfugier : chassée des champs, elle vient dans les genêts, les bruyères, les haies de ronce et de vigne sauvage ; blottie sous une touffe, elle laisse sans bouger passer et repasser le chasseur ; si le chien l'arrête, elle se pelotonne, se ramasse, et ne part qu'à la dernière extrémité ; dans le Midi, elle n'en arrive là qu'après avoir été long-temps fatiguée par des volées successives, et que ses ailes paralysées refusent tout service.

Plus la température est chaude et lourde, plus la perdrix tient ferme ; mais quand le vent du nord souffle, qu'il tourne à la bise ou au mistral, rien n'égale la vitesse de son vol : on ne peut mieux la comparer, comme je l'ai dit plus haut, qu'à celle d'une pierre lancée par une fronde, ou à celle d'une paume lancée par une vigoureuse raquette. Ces jours-là, quand on chasse en battue et à mauvais vent, ce qui peut arriver par suite de la position du terrain, si le tireur qui voit venir à lui les per-dreaux ne tire pas celui qu'il vise au moins à deux pieds en avant du bec et à la distance de vingt-cinq ou trente pas, il est certain que le coup, dé-passant l'animal, ira frapper dans le vide. Le per-dreau est-il atteint, foudroyé, les ailes brisées, il a cependant acquis une telle force d'impulsion que, frappé à bonne distance du chasseur, il va rebondir sur le sol à plus de quinze pas en arrière. Par un vent de mistral violent, j'ai ramassé un perdreau qui, lancé à toute vitesse, s'était brisé une aile en changeant brusquement de direction ; j'aurais d'autres exemples à citer *de visu*, mais la crainte d'amener un sourire d'incrédulité sur les lèvres du lecteur m'empêche d'en parler.

La perdrix rouge est la seule du genre qui perche quelquefois ; plus on avance vers le sud, plus les causes qui l'y déterminent augmentent : j'ai pu maintes fois l'observer ; quand, après un orage, la terre est détrempée, les herbes mouillées, elle s'établit sur les branches basses des taillis, sur les racines des grands châtaigniers ou des oliviers ; lorsqu'au milieu du jour, pendant l'été, la chaleur fait flamboyer le sol, elle perche encore pour trouver la fraîcheur ; enfin, elle agit de même lorsqu'elle veut ruser devant le chasseur. Elle a plus de confiance dans la vitesse de ses jambes agiles que dans ses ailes, quelque rapides qu'elles soient : aussi court-elle devant les chiens, saute sur les rochers, les troncs renversés, les tas de pierres, grimpe sur les murs en pierres sèches, s'arrête, se dresse sur ses tarses comme un coq prêt à chanter, écoute, parcourt de l'œil tout le terrain environnant, puis se baisse, rase le sol et fuit rapidement le corps penché en avant ; elle passe sous les fourrés de ronces, en ressort pour marcher sur le rocher nu ou courir dans un sentier plein de poussière, examine les arbres qui l'entourent, et quand elle en rencontre un dont les branches touffues sont étalées et près de terre, elle s'élance, se blottit contre le tronc, à la naissance de la plus grosse branche, et attend avec confiance la venue du chien, qui, lorsqu'il est jeune, se laisse tromper par cette ruse ; mais un vieux chien n'en est pas la dupe : après avoir fait un large hourvari autour de l'arbre, il vient se camper à l'arrêt, la tête en l'air, la queue raide, et son œil intelligent est un livre dans lequel le chasseur apprend vite à lire.

La Perdrix grise. — A l'inverse de la perdrix rouge, la grise n'affectionne et n'habite que les plaines ou les coteaux ; elle fuit les lieux accidentés et ne dépasse guère le milieu de la France. Elle est plus rare dans le Midi que sa congénère ne l'est dans le Nord. Quoique son plumage soit peu brillant, sa chair souvent un peu sèche, elle ne forme pas moins le fond des ouvertures de chasse d'une grande partie de nos départements. Son tiré offre quelquefois certaines difficultés qui doublent les plaisirs du chasseur. Son vol est moins rapide, moins irrégulier, que celui de la perdrix rouge. Partout elle tient bien l'arrêt, court peu de pied ferme, se rase en entendant les pas du chien ou du tireur, et souvent, à une remise, il faut une recherche patiente et minutieuse pour pouvoir la relever.

Elle hante les vignes, les champs de blé, les sainfoins et les luzernes, les betteraves, les pommes de terre, et surtout les endroits plantés de blé noir ou sarrasin, et où poussent les panicules du millet sauvage.

Elle est de facile approche jusqu'après la première mue, c'est-à-dire à la fin de septembre; elle devient alors plus farouche, et finit, au commencement de l'hiver, par s'enlever à de grandes distances. Éminemment sociable, elle forme souvent des compagnies fort nombreuses avec les débris de celles qui ont été décimées par le plomb meurtrier.

On la rencontre déjà dans le Lyonnais, le Dauphiné; mais elle ne dépasse pas cette ligne vers le sud, tandis que plus on monte au nord, plus elle abonde. La Bresse, la Bourgogne, la Bretagne, la Touraine, l'Orléanais, les environs de Paris, la Normandie, la Picardie, l'Alsace, les départements du Nord, sont riches en perdrix grises, et les immenses plaines de la Beauce sont une véritable réserve où les couvées établies dans les blés réussissent merveilleusement, tandis que, dans les pays de grandes prairies, l'époque de l'éclosion coïncide malheureusement avec celle de la fenaison; les coups de faux font plus de victimes que les coups de fusil, et cela sans profit pour personne : c'est une calamité périodique.

Pour tirer la perdrix à l'ouverture de la chasse, il faut se servir du plomb n° 7 ; mais, lorsque, après la première mue, son vol a pris de la vigueur, que la distance où elle s'enlève augmente, il faut charger avec du n° 6, mais s'en tenir là.

La Caille. — Depuis que la loi, avec la meilleure intention du monde, a cru devoir étendre spécialement sa protection sur la caille, les plaisirs du chasseur sont bien diminués, et le nombre des cailles est loin d'avoir augmenté. Cette chasse, tardive maintenant, a perdu tout son intérêt : on tire la caille quand par hasard on la rencontre sous le nez du chien; mais on ne la cherche plus. Je suis persuadé que c'est par suite de l'humiliation qu'elle en éprouve qu'elle a en partie abandonné notre belle patrie, où, il y a quelques années, elle arrivait en avril par bandes innombrables. Dès que, vers le soir, par un temps serein, le vent tournait au sud, sur les bords de la Méditerranée, il était certain qu'il y aurait un fort passage : aussi tous les chasseurs étaient en rumeur, les chiens aboyaient, la plage se peuplait. Dès le point du jour, une fusillade incessante éclatait joyeusement; c'était un jour de fête qui se renouvelait jusqu'au 10 ou au 15 du mois de mai, pour recommencer en septembre, lorsque le vent soufflait du nord. Maintenant, tout reste silencieux et triste : le pauvre douanier, miné par les fièvres paludéennes, n'a plus la moindre distraction; s'il parcourt d'un œil abattu cette longue bande de sable que la mer baigne d'un côté, et les étangs de l'autre, ce n'est plus que pour regarder si on vient le relever de son ennuyeuse faction. Autrefois, il s'associait aux joies des chasseurs : il applaudissait à leurs prouesses; il suivait avec intérêt le savant travail du chien. Pauvre douanier et pauvres chasseurs ! EN TEMPS PERMIS, il n'y a plus un coup de fusil à tirer.

Où est aussi le temps où, à la pointe du jour, par un temps calme, au commencement de mai, on côtoyait les champs de blé, les luzernes ? Avec l'appeau en queue de chat ou en maroquin vert bourré de crin, on imitait à s'y méprendre le cri de la femelle. Aussitôt, de tous les côtés, s'élevaient les voix sonores et métalliques des mâles : vite on étendait sur un coin de luzerne un filet teint en vert, de forme carrée, la nappe enfin ; on se couchait sans faire d'autre mouvement que celui de la main frappant à petits coups, avec le pouce à peine appuyé contre l'index, sur l'appeau dont le sifflet en os ou en ivoire faisait entendre un pri... pri... des plus séduisants : un mâle s'avançait, se rapprochait, arrivait sous le filet ; son cri : Ma-maou, ma-maou, quïl guiguït, quïl guiguït, faisait savoir au chasseur que le moment était arrivé ; la casquette ou le chapeau tombait sur le filet ; le mâle effrayé s'envolait, mais, pris dans les mailles, il était mis dans une cage doublée en toile, où, au bout de quelques heures, il se trouvait en bonne et nombreuse société.

Qu'êtes-vous devenus, parcs aux cailles, poteaux pour les appelants, charmants instruments d'une chasse charmante ? Vous avez été confondus avec l'ignoble drap mortuaire (filet de nuit des braconniers), avec le collet assassin ; vous êtes rangés dans la catégorie des *engins destructeurs!* Gémissons-en, mais respect à la loi.

LE RALE DE GENÊTS. — Le râle de genêts, vulgairement connu sous le nom de roi des cailles, ne doit probablement ce nom qu'à son plumage, qui rappelle un peu celui de la caille, aux époques où il arrive, et aux lieux qu'il fréquente; car c'est dans les luzernes, les trèfles, les sainfoins, les chaumes remplis d'herbes vertes, les vignes, les plantations de maïs, les berges des fossés, les prairies, les rivages verts, qu'il se rencontre, et cela dans toute la France : il a donc des similitudes de mœurs avec la caille, dont pourtant il diffère essentiellement par sa construction, son vol, ses habitudes.

J'ignore s'il a un chant ou un cri d'appel quelconque; il ne doit pas être muet, mais je n'ai jamais pu l'entendre. Il court avec une grande vitesse et longtemps; ses longues jambes, son corps mince, allongé, presque aplati, lui permettent de se faufiler dans les herbes les plus épaisses, dans les touffes les plus inextricables. La quête du chien serait impossible dans de pareilles conditions; mais l'intelligent quadrupède sait déjouer ses ruses; dès l'instant qu'après un court arrêt il a reconnu devant lui un de ces coureurs intrépides, il relève brusquement la tête, dresse les oreilles, s'élance en avant par un bond vigoureux, fourre le nez sous les herbes, tantôt à gauche, tantôt à droite, pirouette sur lui-même; son œil, brillant d'ardeur, interroge le moin-

dre mouvement, la moindre oscillation des plantes ;
il se précipite, piétine, foule vivement ; l'impatience
le gagne, il aboie ; tous ses mouvements sont rapides, saccadés. Tout à coup il se dresse debout,
s'élance, retombe les jambes écartées, la gueule entr'ouverte, le cou replié comme celui d'un cygne : le
râle est sous lui ! Forcé de quitter sa retraite sous
peine d'être happé, ce dernier déploie, à regret, ses
courtes ailes, s'envole lourdement, les jambes pendantes, et offre au tireur un point de mire que le
plus maladroit ne peut manquer d'atteindre, si son
fusil est chargé de plomb n° 10 et qu'il ne se presse
pas.

Le Faisan. — Cet admirable oiseau est un gibier
de haut goût, qui n'appartient pas à tout le monde.
Élevé à la brochette, sous cloche, pour ainsi dire, le
modeste chasseur doit y renoncer, à moins qu'il ne
reçoive des invitations fort rares, ou ne puisse, par
hasard, en accrocher un par-ci, par là, dans les environs des grands domaines, lorsque cet oiseau va
au gagnage dans les champs, ou lorsqu'il s'est perdu
par un temps de brouillard. Il ne se reproduit en
France qu'au moyen d'une incubation surveillée
jour par jour ; il exige une nourriture spéciale, des
soins inouïs, incessants, et ne se rencontre jamais
à l'état indépendant.

Quoique son tiré soit une immense jouissance,
troublée pourtant par le cri continuel du garde,
qui suit chaque chasseur et retient le doigt prêt à

presser la détente par ce mot terrible : *Poule !*
nous n'en parlerons pas plus longuement, puisque,
comme je l'ai dit, cette chasse est tout exceptionnelle.

LA BÉCASSE. — A l'époque de migration (je ne
parle pas de celle du printemps, qui est insigni-
fiante en France), c'est-à-dire en octobre et en novembre, la bécasse attend le vent du nord, voyage
toujours la nuit, et s'arrête où il y a des bois, des
taillis, principalement dans ceux qui sont traversés
par de petits ruisseaux, ou rendus humides par des
sources, des lacs, des eaux stagnantes. Elle suit de
préférence les départements qui avoisinent la mer
ou les grands cours d'eau : ainsi, en Picardie, Normandie, Sologne, Bretagne, surtout les landes, les
pinèdes de la Méditerranée, la Corse, où beaucoup
passent tout l'hiver.

J'ai lu dans je ne me souviens plus quel livre
d'un savant, que l'on ignorait complétement les habitudes de migration des bécasses : ce savant n'é-
tait pas chasseur, car il aurait su par expérience
qu'après avoir battu infructueusement bois, taillis
et bocqueteaux en novembre, on ne devait pas se
décourager, y retourner le lendemain, le surlendemain, et qu'un beau matin on lèverait vingt bécasses là où la veille il n'y en avait pas traces, et que
là aussi où on en aurait trouvé par douzaines, le
matin suivant il n'y en aurait plus une seule, si le
vent avait soufflé au départ.

Pendant ses voyages de nuit, la bécasse est attirée par une vive lumière. Je me trouvais, dans les premiers jours de novembre, dans la silve de Saint-Jean, près d'Aigues-Mortes ; nous revenions de l'affût aux canards, le vent soufflait du nord, mais sans rafales ; les grands pins gémissaient, en se balançant doucement ; la nuit était sans lune, mais les étoiles brillaient sur un fond de velours noir ; la cabane où nous devions passer la nuit n'offrant qu'un foyer des plus primitifs, on avait dû, sous peine d'asphyxie, renoncer à y allumer du feu, et un immense brasier, alimenté par les branches et les pommes résineuses du pin, flambait devant la cabane, projetant un large rayon rouge autour de lui. Pendant que le souper se préparait, je contemplais les effets de lumière qui faisaient bizarrement ressortir les troncs élancés des pins, pour les replonger tout à coup dans une ombre opaque, lorsqu'un objet traversant un rayon lumineux vint s'abattre à quelques pas du foyer et demeura immobile, l'œil curieusement fixé sur la flamme tremblotante : c'était une bécasse, qui resta en place jusqu'au moment où un coup de fusil vint mettre fin à son extase.

On pourrait objecter que ce fait isolé ne peut rien prouver, que c'est peut-être accidentellement que cette bécasse est venue près de la lumière, et n'a point été attirée par elle ; mais que répondre à cet autre fait ? Tous les ans, aux époques des passages, les phares placés sur nos côtes maritimes attirent un si grand nombre d'oiseaux, entre autres les bécasses, que les gardiens tendent des filets autour des plates-formes qui entourent les feux, et que, dans certains endroits, on a été obligé de défendre les châssis extérieurs par des grillages en fil de fer, pour éviter le bris des glaces, que les oiseaux renouvelaient par trop fréquemment ; fascinés, éblouis par ces brillantes lueurs, non-seulement ils viennent s'y précipiter, mais encore tombent étourdis par la violence du choc et s'y tuent très souvent.

Si jamais la lumière électrique devient d'un usage facile, ce dont je ne doute pas, je me donnerai le plaisir d'une chasse nocturne : cela sera plus amusant et probablement moins chanceux que le tir de la bécasse à la passe.

Quand vient le soir, que le soleil est sur son déclin, la bécasse sort des grands bois, cherche, en volant, les clairières humides, les bords des ruisseaux, tous les endroits enfin dont le terrain est facile à fouiller.

Il est très aisé de se rendre compte des lieux qu'elle fréquente : toutes les places vaseuses ou humides sont criblées de petits trous, les traces de ses pattes s'y impriment, et ses excréments s'étalent comme une tache blanche ; il faut se mettre à l'affût dans les environs de ces endroits, et charger son fusil avec du plomb n° 8.

Dès le point du jour, elle rentre au bois, se retire dans les halliers, les taillis, change de place dans l'après-midi ; marchant lentement, picotant quelques larves, quelques insectes, de petites graines, elle s'accroupit où elle se trouve quand elle entend le moindre bruit, enfonce son cou dans ses épaules, et se laisse parfaitement arrêter. Dès qu'elle s'envole, elle pique droit en l'air, surtout dans les grands bois, dont elle dépasse les cimes, et va se remettre à quelque distance. Son tiré est souvent fort difficile, à cause des branches, des lianes, des fourrés, au milieu desquels il faut aller la chercher; il est impossible alors de savoir où elle s'est remisée, à moins de faire monter un enfant sur l'arbre qui domine le plus d'espace et de le charger de suivre la direction du vol. Dans les landes de Gascogne, je me suis fort bien trouvé de cette précaution.

Nous avons en France deux espèces de bécasses, la grosse et la petite : la grosse arrive la première, repart la dernière; la petite, d'un tiers moins forte, s'envole plus vivement, fait quelques rapides crochets, comme la bécassine, et parcourt de plus grandes distances. Dans quelques contrées, en Bourgogne entre autres, sa chair est plus estimée et, dit-on, plus parfumée; je n'ai, quant à moi, jamais trouvé une grande différence.

La Bécassine. — On considère généralement le tiré de la bécassine comme un coup fort difficile. Les crochets qu'elle décrit à son départ ne sont un obstacle que pour le chasseur qui met le pied dans un marais pour la première fois : car une bécassine qui s'enlève à bon port est beaucoup plus facile à

atteindre qu'un perdreau qui croise ou qu'une bécasse qui pointe; il suffit de ne pas se presser, tout
en agissant prestement.

Avant d'entrer dans le marais, il faut étudier d'où
souffle le vent et marcher en l'ayant derrière soi,
juste l'inverse de ce que l'on doit faire pour la chasse
de terre. Cette règle d'avancer vent arrière est générale pour tous les oiseaux d'eau, qui tous ont
l'habitude de piquer dans le vent, par conséquent
de se rapprocher du chasseur; cependant elle peut
être modifiée suivant les lieux et les circonstances.

Il y a deux moments à choisir pour presser la détente: celui où la bécassine, quittant terre, n'a pas
encore fait son premier crochet; ou bien, lorsque,
après avoir terminé ses rapides zigzags, elle file
droit. Ces deux moments demandent de la rapidité,
de la précision dans les mouvements : voilà justement la plus grande des difficultés que présente cette
chasse.

Nous avons en France plusieurs espèces de bécassines, toutes de passage, mais n'ayant pas les
mêmes habitudes, quoiqu'elles fréquentent les mêmes lieux : la bécassine double, l'ordinaire, la
sourde, et le bécasseau ou petite bécassine.

Les premiers arrivages se font dès le commencement de mars jusqu'à la fin d'avril, du sud au nord,
quand règne ce dernier vent; les deuxièmes, ou retour, commencent en août et septembre : alors les
bécassines demeurent plus longtemps, et beaucoup
hivernent dans le Midi.

La double bécassine est un fort joli coup de fusil. Elle atteint fréquemment une taille de vingt-cinq à trente centimètres; elle tient parfaitement l'arrêt, voyage seule ou par couples, et se tient presque toujours en plaine, dans les grands marais, les bords des étangs, les bancs de la mer. Quand elle s'envole, elle ne fait que trois grands crochets, mais, après, file droit pendant trente ou quarante pas et se remet si elle n'a pas été tirée; sinon, elle monte rapidement, se donne au vent et disparaît dans les nues.

La bécassine ordinaire émigre par bandes, par troupes fort nombreuses. Elle voyage de jour et de nuit, d'après les vents, s'arrête un peu partout sans suivre de ligne fixe; les ruisseaux, les endroits humides même sur les plus hautes montagnes, reçoivent sa visite : elle n'y fait qu'un court séjour pour arriver dans les plaines marécageuses, les rizières, les prairies inondées périodiquement, les bas-fonds entrecoupés de ruisseaux et de mares, enfin les bords des étangs qui longent la mer.

Elle abonde dans les marais et terrains à tourbe de la Picardie, surtout aux environs d'Abbeville ou de Noyelle, dans la Sologne, la Bretagne, les Landes; dans l'intérieur de la France, en Champagne, aux environs de Pont-sur-Seine et de Troyes; dans le Nord, près de Lille et de Dunkerque; dans la Bresse, depuis la Dombe jusqu'aux bords verdoyants de la Saône; dans le Midi, en Camargue, où les rizières en attirent beaucoup; dans les marais de Saint-Gilles, d'Escamandre, de la Silve ; aux environs de Montpellier, à Gramenet, à Lattes, à Villeneuve, et en suivant la côte jusqu'à Perpignan.

Lorsqu'elles arrivent, elles sont ce que l'on appelle *franches*, c'est-à-dire peu sauvages, partant isolément et à bon port ; mais dès qu'elles ont été tirées plusieurs fois, elles se rassemblent en petites bandes, sont effarouchées et montent dans les airs en faisant entendre leur cri d'appel. Ce cri peut être parfaitement imité en appuyant la bouche sur le dos de la main et en aspirant fortement du bout des lèvres.

La bécassine ordinaire a le coup d'aile très vif, fait en rasant le sol quatre ou cinq crochets rapides, mais un grain de plomb n° 10 suffit pour l'abattre ; si elle n'est que blessée, elle ne court pas, mais se cache entre deux touffes d'herbe, sous des joncs, dans les trous que les bestiaux impriment dans la terre, et ne fait plus un seul mouvement.

Lorsque le vent est fort, que l'on a eu la précaution de le maintenir derrière soi, la bécassine, en s'enlevant, fait ses crochets ; mais bientôt, forcée de monter au vent, elle se retourne, et souvent vient passer à bonne portée. Un chien n'est pas indispensable, car elle part franchement et, comme je l'ai déjà dit, souvent de loin ; mais si l'on a un chien sage, ne s'emportant pas, il est avantageux de l'avoir avec soi pour retrouver les pièces blessées et faire lever la bécassine sourde et le bécasseau.

La sourde ne peut être confondue avec la bécassine ordinaire que par un chasseur peu observateur ; sa taille est au moins d'un quart plus petite, son bec a la base bleuâtre, tandis que celui de sa congénère est gris clair ; les plumes du dos et des côtés ont des reflets métalliques ; enfin, elle ne crie pas en s'envolant. Elle est toujours par couples ou isolée, est difficile à lever, et ne part que sous les pas du chasseur ou sous le nez du chien ; c'est par suite de cette particularité que le nom de sourde lui a été donné, car elle a les organes de l'ouïe et la conque de l'oreille parfaitement développés.

J'ai vu plusieurs fois, dans des marais à herbe courte, des bécassines relever la tête au bruit de mes pas, se dissimuler rapidement et s'accroupir à plat à mon approche : c'étaient toujours des sourdes, qui me laissaient arriver presque à les toucher avant de se décider à prendre leur volée ; un bon chien est donc précieux pour les faire lever et pour trouver le bécasseau.

Ce dernier est le plus petit de la famille ; il ne dépasse pas la grosseur d'une alouette, mais ses formes et son plumage sont en tout semblables à ceux de la bécassine ; il arrive aux mêmes époques, se mêle parfois aux grands voliers d'alouettes de mer, rase avec eux la surface des eaux, puis s'en sépare tout à coup et va tomber dans les marais, où il vit de petits vers, de mouches, de pucerons d'eau. Il ne s'effraye ni de la présence du chasseur, ni des coups de fusil ; s'il est forcé de quitter son abri, il s'enlève, fait deux ou trois légers crochets, et va se remettre à vingt ou trente pas, puis recommence la même manœuvre jusqu'à ce qu'il entre dans la carnassière.

Au mois d'août, il se rencontre en grand nombre dans les pays indiqués ci-dessus, et sa chasse est une des grandes distractions de la saison.

Les bécassines, quelle que soit leur dénomination, ne se tiennent jamais dans les places où l'eau est profonde ; mais seulement dans les endroits humides où les joncs sont un peu espacés, les touffes de roseaux éloignées les unes des autres ; surtout dans les parties du marais où l'herbe est courte, le terrain piétiné par les bœufs ou les chevaux qui vont y paître. Elles y demeurent tout le long du jour ; mais après le coucher du soleil, quand la nuit commence à se faire, que l'occident prend ses belles et chaudes teintes pourpre et violet, elles s'envolent ; leur cri d'appel descend des hauteurs du ciel ; elles vaguent ainsi toute la nuit, tantôt s'abaissant sur les prairies, tantôt remontant dans les airs pour redescendre dans les champs, puis regagnent leur marais d'élection dès que l'aube montre ses premières clartés argentées.

Comme leurs plumes sont fines et délicates, il faut choisir les plus petits numéros de plomb. Le chasseur qui tuera douze bécassines avec du plomb n° 10 ou 11, n'en tuera que deux ou trois avec du plomb plus fort.

Pour les tirer convenablement, après avoir bien épaulé, il faut presser la détente un peu brusquement mais sans secousse, par un appui sec, sans coup de poignet, dès qu'elles se trouvent en face du canon, soit qu'elles quittent terre, soit qu'elles aient fini leurs crochets. L'habitude, du reste, est le plus grand de tous les maîtres, et souvent j'ai chassé avec un vieux praticien rebelle aux innovations, qui, armé d'un vénérable fusil à pierre dont l'amorce flambait comme une lance à feu, n'en faisait pas moins de miraculeux coups doubles.

LE CANARD. — Les espèces sont très nombreuses et aussi variées pour le plumage que pour la taille et le goût. Aux approches de l'hiver, dans les mois de novembre et de décembre, nos rivières, nos lacs, nos marais, du Nord ou du Midi, se peuplent à l'infini. Dans les temps rigoureux, quelques canards quittent les eaux qui se congèlent, pour remonter souvent fort loin dans les montagnes, en suivant le cours des rivières, torrents ou ruisseaux dont les eaux rapides et chaudes résistent à l'abaissement de la température ; dans tout autre moment, ils affectionnent les embouchures des grands fleuves et leurs bords de sables, les étangs salés, les lacs d'eau douce, les marais du Nord et de Picardie, les mares de la Sologne, les étangs de la Bretagne, de la Bresse et des Landes ; ceux du Midi, depuis Perpignan jusqu'à Sainte-Marie ; le delta de la Camargue, comme les nombreuses embouchures du Rhône et du Var.

Les époques de passage varient suivant les espèces, mais ne commencent pas avant mars, du sud au nord, et avant octobre, du nord au sud. Plus les rigueurs de l'hiver sévissent dans les contrées hyperboréennes, plus nos lacs et nos rivières reçoivent nombreuse compagnie. On voit alors arriver de longues files de canards fendant l'air en formant un V parfait ; les vols se succèdent rapides, pressés; ils passent à des hauteurs immenses, puis, tout à coup, la tête de colonne s'infléchit, s'abaisse, se rapproche de la terre : c'est que l'onde argentée a fait briller son miroir, c'est que le moment est venu de prendre repos et nourriture, c'est qu'enfin il faut choisir une retraite pour attendre la fin de la dure saison ; mais l'approche de la terre n'offre plus la sécurité des profondeurs éthéréennes; mille dangers vont se présenter, et bien des victimes payeront de leur vie, ou leur curiosité et leur imprudence, ou l'impérieux besoin de pourvoir à leur existence.

On chasse le canard au chien d'arrêt, dans les endroits où la végétation lui offre un abri, partout où les roseaux, les joncs, les plantes aquatiques entourent une certaine étendue d'eau peu profonde. Autant il est défiant, craintif, lorsqu'il est à découvert, autant il se croit en sûreté lorsqu'il ne peut plus voir ce qui se passe autour de lui ; il tient bien l'arrêt, ou nage doucement entre les herbes, jusqu'au moment où, pour fuir l'approche du chien, il est forcé de s'envoler, ce qu'il fait bruyamment en frappant ses ailes l'une contre l'autre.

Si les eaux sont profondes, la vase en couches épaisses et molles, on le poursuit avec des bateaux ; mais tous ne sont pas bons pour cette chasse, puisqu'il faut les faire pénétrer au milieu des joncs, les faire avancer à travers des roseaux, des herbes inextricables, des fonds vaseux à peine recouverts d'un ou deux pouces d'eau.

Pour qu'un bateau rende d'utiles services, il faut qu'il remplisse de nombreuses conditions : il doit présenter la forme d'une navette de tisserand, c'est-à-dire être étroit, allongé, effilé de l'avant comme de l'arrière, pour pouvoir reculer aussi facilement qu'il avance ; à fond plat se relevant aux deux extrémités ; fait de planches d'un bois mince, léger, souple et liant, bas des plats-bords ; enfin, se manœuvrant aussi facilement à la gaffe ou perche qu'à l'aviron, qui sera court et facile à désarmer ; la partie du bateau qui plonge dans l'eau doit être suiffée avec soin : le temps et l'argent dépensés sont amplement rachetés par la rapidité de la marche et le gibier tué. Un pareil bateau rendra des points à tous ces lourds sabots, à tous ces coffres informes, qui se traînent péniblement, n'avancent qu'à grand renfort de bras, restent tout à coup plantés immobiles au moindre obstacle qu'ils s'essayent à franchir, et juste au moment où il serait le plus utile de marcher rondement.

Si le véritable chasseur y gagne, il n'en sera pas

de même pour celui qui tient à déployer ses grâces : car il faut rester assis, charger et tirer dans cette position, ou tout au plus à genoux; sans cela, gare au plongeon et à ses conséquences déplorables pour une toilette élégante.

Sur les côtes de la mer, lorsque le vent souffle violemment du large, que les flots se soulèvent et roulent en hautes montagnes, les canards n'y trouvant plus facilement les algues, les fucus, les petits bivalves, ballottés sur l'eau, tracassés par le vent, viennent à terre chercher des eaux plus tranquilles, puis de temps en temps retournent à la mer pour en revenir bien vite, rasant les dunes, touchant presque le haut des digues; ces allées et venues continuelles offrent au chasseur embusqué l'occasion de faire de nombreux et fréquents coups de fusil. Quand le froid est intense, que les lacs et les étangs sont gelés, il en est de même : les canards vont à la recherche des eaux chaudes, des endroits que la glace n'a pas encore envahis; pendant la nuit ils s'y endorment quelquefois; alors, si la température s'abaisse davantage, au réveil ils se trouvent prisonniers, retenus sans pouvoir s'échapper, car leurs plumes sont prises et collées à la glace qui les entoure; ils subissent le triste sort des hardis explorateurs dont le navire a été surpris et brisé par les banquises des mers polaires.

De toutes les manières de chasser, la plus meurtrière est, sans contredit, l'affût. Chaque province, chaque département, pour ainsi dire, a un mode

différent : ici, l'affût volant, changeant de place
d'après les aires du vent : une touffe de joncs, de
roseaux, la berge d'une digue, le revers d'un fossé,
suffisent au chasseur ; le ciel fait briller ses étoiles
sur sa tête ; son fusil à la main, il attend les canards
au passage et les tire au vol ; l'habitude lui rend facile la vue du gibier dont le vol rapide fend les airs
avec le bruit strident d'une balle. Le moment le
plus favorable pour ce genre d'affût est le soir,
lorsque le soleil, ayant disparu, dore encore l'horizon de tons chauds et lumineux : l'oiseau se détache
nettement sur ce fond transparent ; ce qui n'était
qu'un point noir grossit peu à peu et prend des
proportions plus grandes que nature. Quelques chasseurs ont le don de distinguer les canards volant
pendant les nuits éclairées par la lune ; pour ma
part, je les entends passer sur ma tête, ou sur les
côtés, mais il n'est plus temps de faire feu lorsque
par hasard je les ai aperçus, tandis que je les vois
parfaitement et de loin à l'affût du soir.

Ces nuits brillantes, inondées d'une douce clarté,
sont, au contraire, très favorables pour les affûts
fixes, tels qu'on les pratique dans le Nord : le chasseur ne suit plus son instinct ou son caprice ; il va
dans un endroit fixe, choisi, préparé d'avance, tire
posé, enfin se trouve dans des conditions toutes
différentes et qui méritent une courte description.

Ces affûts sont de deux sortes : ceux qui sont
construits près des eaux douces et non sujettes à un
changement de niveau périodique ; et ceux qui, au

contraire, sont placés près des bords de la mer, ou des fleuves dans lesquels le flux et le reflux se font sentir.

Les premiers sont ordinairement placés le long d'un étang, d'un lac, sur une presqu'île, un îlot, ou au milieu des marais à eau profonde, dans les endroits tourbeux où l'exploitation du terrain a laissé de grands espaces inondés et dont la végétation a peu à peu envahi les bords. Un chemin praticable en toute saison, ou une barque légère que l'on dissimule sous les roseaux et les joncs pendant la durée de l'affût, permettent d'arriver à une hutte construite en planches et généralement couverte de mottes de gazon, ou cachée sous des plantations de grands roseaux, de tamarins ou de jeunes saules. Des meurtrières habilement ménagées permettent d'avoir l'œil et de pouvoir tirer dans toutes les directions. L'intérieur offre un certain confort, et j'ai passé, dans quelques-unes de ces huttes, des nuits où le froid était victorieusement combattu par un calorifère chauffé à l'esprit-de-vin : car il ne faut pas songer à y allumer du feu, dont la fumée trahirait au dehors la présence de l'homme et ferait fuir indubitablement le gibier. Des mannequins en bois ou en liége, représentant plus ou moins fidèlement des canards, flottent sur l'eau, à une distance de vingt ou vingt-cinq pas ; trois ou quatre canards domestiques bien chantants sont placés sur le bord de l'eau, attachés par la patte à une ficelle assez longue pour qu'ils puissent aller à l'eau sans pourtant trop s'écarter ;

après l'affût, ils sont rapportés à la maison. On choisit ordinairement un seul mâle et deux ou trois femelles : ces dernières ont la voix sonore et répètent leur cri d'autant plus souvent que les canards sauvages volent plus nombreux ; le mâle a la voix faible, sourde, et chante plus rarement.

En Picardie, aux environs d'Abbeville, à Saint-Valery, à Cayeux, il existe une race excellente de canards qui font merveilles par leur voix éclatante et la fréquence de leurs appels. Le prix d'une bonne femelle varie depuis six francs jusqu'à dix ou douze.

Les seconds affûts exigent plus de travail, une construction toute spéciale ; le prix de revient n'en est pourtant pas considérable, puisqu'un emplacement et une hutte ne coûtent que trente-cinq ou quarante francs de location annuelle.

On choisit un terrain que les flots de la mer ne puissent couvrir à une trop grande hauteur, mais qui pourtant puisse se trouver inondé par le flux, et couvert de trente à quarante centimètres d'eau. Les endroits les plus favorables sont ceux qui, longeant les grandes artères par où la mer pénètre dans l'intérieur des terres, ont été exhaussés par des dépôts successifs sur lesquels les plantes marines, la soude entre autres, trouvent leur nourriture et une humidité entretenue par la visite périodique du flot. On trace un cercle dont le diamètre varie entre quarante et soixante pas ; on élève sur ce cercle une digue de cinquante centimètres de haut sur un mètre de base : les terres pour ce terrassement sont empruntées aux alentours, ou à un fossé que l'on creuse au pied de la digue, en dedans ; le but de cette levée est de retenir l'eau de la mer après le reflux et de former un bassin artificiel, que l'on nomme *mare* ; il faut donc combiner la hauteur du barrage avec la hauteur présumée de la marée.

Sur le bord de la mare, et du côté opposé à celui par où le flot arrive, on établit la hutte, qui, affectant la forme d'une de ces cages nommées *sabots*, dans lesquelles on transporte les perruches, ne peut contenir qu'une ou deux personnes au plus. Elle est placée de manière à ce que le chasseur puisse voir l'ensemble de la mare ; mais le couvercle ou toit mobile, à charnières, que l'on nomme, en patois picard, le *hayon*, ne laissant, quand il est baissé, qu'une ouverture haute de deux pouces et demi, ne permet pas de tirer au vol : deux fentes latérales, se fermant à coulisse ou à l'aide d'un tampon de paille, donnent la facilité de tirer à gauche et à droite. On ne peut rester qu'assis ou allongé ; une botte de paille garnit le fond, qui est à claire-voie pour l'écoulement rapide des eaux de la mer, quand elles dépassent le niveau ordinaire ; deux crochets, en bois ou en fer, placés sur la droite, supportent le fusil et préviennent les accidents qui pourraient résulter de l'exiguïté de l'espace.

La hutte est entourée extérieurement, excepté par devant, d'un talus de terre consolidé par un pavage qui empêche le flot d'emporter terre et hutte. Le dessus seul est libre, pour pouvoir ouvrir le couvercle, et le refermer quand on est en dedans. A quelque distance, il est impossible de distinguer cette retraite du chasseur, car elle ne s'élève au-dessus des terrains d'alentour que comme une taupinière apparaît dans les champs.

Vingt ou trente canards en bois, montés sur un piquet, sont plantés dans la mare de chaque côté de la hutte, jusqu'à ce qu'ils touchent le niveau de l'eau, en laissant entre eux un espace libre d'environ douze ou quinze pas; ils restent à demeure et pendant des années entières.

Au moment de l'affût, trois ou quatre canards appelants sont attachés près de la cabane, de façon à ne pouvoir nager trop avant dans la mare; ils seraient, sans cette précaution, exposés à recevoir un coup de fusil ou tout au moins quelques plombs égarés.

Lorsqu'un vol de canards vient s'abattre, c'est ordinairement dans l'espace laissé libre par les mannequins en bois. Il faut que le chasseur tire sans pour ainsi dire leur donner le temps de fermer les ailes et de faire jaillir l'eau; ils sont alors rassemblés, se touchent presque, tandis que si on les laisse quelques instants en repos, ils se disséminent, et l'occasion est perdue. Si deux ou trois canards, quelques sarcelles, se remettent à portée ou trop espacés, on peut attendre qu'en nageant ils se rapprochent ou se croisent en présentant une ligne de tir favorable.

Toutes les espèces de canards, depuis le tadorne

jusqu'à la sarcelle, sont non-seulement bien garnis de plumes, mais sont encore couverts d'un duvet fin, serré et épais, qui contribue puissamment à empêcher la pénétration du plomb : il faut donc se servir des forts numéros : le n° 4 pour l'affût volant, le n° 2 ou 3 pour la hutte, suivant le calibre du fusil et les distances connues.

Dans quelques pays, en Bresse ou à l'embouchure de la Gironde, par exemple, quelques personnes tirent les canards avec des fusils à pivot, véritables fusils de rempart établis sur l'avant d'une barque, et que l'on fait partir au moyen d'une ficelle. Je n'en fais mention que pour la forme, les pièces de canon ne pouvant prétendre au titre d'armes de tir pour la chasse.

Courlis et petits Échassiers. — Je comprends sous ce titre l'une des familles les plus nombreuses parmi la gent emplumée. Les membres qui la composent, quoique différents de taille, de couleurs, de forme même, ont à peu près tous les mêmes mœurs, des habitudes identiques : c'est-à-dire, émigrent aux mêmes époques, se réunissent par bandes, dans lesquelles se rencontrent très souvent plusieurs espèces, fréquentent les mêmes lieux, vivent de la même nourriture, se chassent de la même manière.

S'il fallait suivre et connaître les genres, sous-genres et noms créés par chaque savant, la vie n'y suffirait pas : ce qu'il importe au chasseur, c'est de savoir le nom commun de l'animal qu'il a abattu. Nous prendrons, par conséquent, le vocabulaire *ad usum populi* et appellerons un courlis, un courlis, au lieu de : *numenius, arquata, phœopus,* etc., etc.; une barge, une barge, au lieu de : *limosa, scolopax, œgocephala totanus limosus, limicula melanura;* Y OTROS, Y OTROS, comme disent les Espagnols.

Quoique la chair du courlis ne soit pas un excellent manger, on le chasse avec plaisir : d'abord, parce qu'il est gros, et qu'une carnassière bien gonflée fait oublier fatigues et dangers; je ne parle pas des ennuis, le chasseur ne connaît pas ce mot; puis, parce qu'en allant à sa recherche, on tire vingt autres espèces d'oiseaux : les chevaliers, les combattants, barges ou rousselettes, pluviers dorés, religieuses, tourne-pierres, fers-à-cheval, alouettes de mer, huîtriers, et bien d'autres.

Tous ces oiseaux que l'on rencontre quelquefois dans les marais, les étangs salés, se trouvent surtout aux embouchures de nos grands fleuves, dont les bancs, les sables, se couvrent de vols innombrables à marée basse. Ils fouillent le sable avec leur long bec pour verroter; pêchent, dans les flaques d'eau, des petits poissons, des chevrettes, de petits bivalves. On les rencontre depuis les plages de Dunkerque jusqu'à Bayonne, depuis Perpignan jusqu'à Cannes. Leur approche est assez difficile : ils partent de loin; mais à l'affût de jour, on en tue des quantités considérables, soit à la hutte, à marée montante, soit sous toile, sur les sables à marée basse. Habitués à se mêler aux vols de courlis, on place dans les mares, ou sur les sables, au bord d'un courant ou d'une grande flaque d'eau, cinq ou six courlis empaillés : pour peu que l'on sache imiter leurs cris divers en sifflant, il est à peu près certain qu'ils viendront se poser au milieu des appeaux.

Ils arrivent en avril et mai, du sud au nord, puis reviennent du nord au sud en septembre et octobre, les uns pour rester une partie de l'hiver, les autres pour gagner la Corse, la Sardaigne. Dans les premiers jours de leur arrivée, ils sont si peu farouches que les ravages occasionnés dans leurs rangs par un premier coup de fusil, chargé avec du plomb n° 7 ou 8, les décide à peine à prendre leur vol; tandis que la vue d'un homme, même hors de portée, les fait fuir à tire-d'aile : aussi, après avoir ramassé les morts et les blessés, faut-il charger promptement et se remettre sous son abri, car les vols se succèdent souvent à courts intervalles.

Si vous allez à l'affût dans les mares, vous ne courez aucun danger; mais si vous vous engagez sur les sables ou les bancs, je vous conseille fort de vous faire toujours accompagner par un habitant du pays : la marée monte vite, et les sables ne sont pas partout terre ferme. S'il y a quelque péril à courir, le plaisir est doublé; et mes meilleures heures, les journées de chasse me paraissant les plus courtes, se sont passées dans ces bienheureux parages, où rien ne vient troubler l'affût, où le silence solennel des sables n'est interrompu que par les mille cris des oiseaux de passage, dont les vols sillonnent l'air en tous sens. L'espérance, cette seconde vie du chasseur, lui donne d'incessantes émotions. Voici venir un vol ; il rase l'eau, se dirige droit sur les appeaux : vite, prenons la position la plus commode, le fusil à l'épaule aussi immobile que s'il était placé au banc d'épreuve. Le vol approche, les cris des oiseaux sont distincts ; ils arrivent rapidement, s'abaissant peu à peu, rasant les sables et les eaux. Le cœur palpite, la respiration devient une fatigue ; quelques secondes encore... et un juron, aussi innocent que vous le voudrez, rend l'air à vos poumons, le sang à votre cœur, car le vol est passé sans s'arrêter. Cependant en voici un autre, bien plus nombreux, bien plus compacte : s'arrêtera-t-il ? continuera-t-il son allure rapide ? Telle est la question qui, pendant toute la chasse, occupe l'attention, captive et concentre toutes les autres facultés. Il faut avoir le feu sacré ; et, quoique cette chasse soit parfois merveilleuse, il peut arriver aussi que l'on rentre bredouille plusieurs jours de suite.

La position du tireur sous toile, ou à la mare, est fatigante ; la crainte des sables mouvants, de la marée montante, refroidit bien des ardeurs ; tant mieux ! Le chasseur, que M. d'Houdetot a si bien nommé *Rustique*, et qui ne s'effraye de rien, pourvu qu'il y ait un coup de fusil à faire, ne verra pas les sables foulés par des souliers vernis, les bandes d'oiseaux dispersées au bruit d'une innocente fusillade... Non que je méprise le soulier vernis, loin de là ; mais je me méfie de l'habileté de celui qui ne sait pas quand il en est besoin chausser la botte de marais ; qui, porteur d'une arme sortant des meilleurs ateliers, tire à toutes distances, à tout instant, même sans viser, s'en rapportant à la portée de son fusil, à l'écartement des plombs, pour ne pas être *chou-blanc*.

Le Grèbe. — Ce bel oiseau, au plumage d'argent bruni, est l'un de ceux qu'il est le plus difficile d'approcher : non-seulement il est craintif, mais sa construction elle-même s'oppose à ce qu'il vienne à terre ; ses pieds, placés tout à fait en arrière, ne sauraient l'y soutenir, encore moins lui permettre une marche rapide, tandis qu'ils lui donnent, sur et sous les eaux, une grande puissance natatoire ; son corps aplati, sa tête fine et pointue, son cou long et mince, lui permettent de plonger avec une rare facilité ; aussi, n'est-ce qu'à la dernière extrémité qu'il se décide à prendre son vol.

Il émigre au printemps, mais ne fait qu'une courte apparition ; tandis qu'en automne, il arrive en assez grande quantité dans les parages que fréquentent les courlis. Il ne hante que les eaux profondes et de grande étendue, préfère les eaux douces, se trouve rarement en troupes, mais souvent par couples.

Comme chez tous les oiseaux essentiellement

plongeurs, sa chair est détestable, huileuse ; cependant il est très recherché par tous les chasseurs, à cause de sa fourrure d'argent : rien, en effet, n'est plus gracieux, ne sied mieux à une femme, qu'une toilette d'hiver richement garnie de grèbe, et le résultat est un but digne de tous ; aussi, son arrivée met-elle toutes les ambitions en jeu, les unes par l'appât d'un gain assuré, les autres dans une intention plus noble.

A moins de le tirer par surprise et tout à fait par hasard, on ne peut le chasser qu'en battue avec des bateaux, ou en le poursuivant avec une barque légère : j'ai, par ces deux moyens, fait de jolis coups de fusil, mais il faut se servir d'une arme à longue portée et charger avec du plomb n° 5.

Nous avons en France plusieurs espèces de grèbes, toutes offrant les mêmes difficultés de tir, sans avoir le même avantage quant à la fourrure ; entre autres, le grèbe castagneux, vulgairement connu sous le nom de *cachevaux*, qui n'a pas sur le corps une plume qui mérite un coup de fusil.

Lorsque le vent souffle, que la surface des eaux se ride de petites vagues, il faut une grande habitude pour tirer les oiseaux nageants, et surtout le grèbe : tantôt il présente son corps tout entier ; tantôt, disparaissant entre deux vagues, il montre à peine le sommet de la tête. Ces mouvements alternatifs de haut et de bas se succèdent sans interruption, et d'autant plus fréquemment que les eaux sont plus agitées. Après avoir étudié pendant un instant le temps que l'oiseau met à paraître et disparaître, on doit le viser et presser la détente juste au moment où il devient invisible. Pendant que le plomb parcourt un trajet toujours considérable, l'oiseau est remonté au sommet de la vague, et reçoit en plein corps le coup, qui, sans cela, n'aurait frappé que l'élément liquide.

LE PLONGEON. — Le plongeon, quelle que soit sa taille, car il y en a de plusieurs espèces, ne peut pas être considéré comme gibier : sa chair est huileuse, exale une forte odeur, est immangeable ; mais son tiré étant très difficile, le chasseur ne néglige pas l'occasion de mettre en relief la justesse et surtout la rapidité de son coup d'œil et de ses mouvements.

Rien n'égale la prestesse avec laquelle le plongeon disparaît sous les eaux, si ce n'est la vivacité avec laquelle il se montre à la surface pour aspirer l'air qui lui est nécessaire et recommenser aussitôt son évolution sous-marine. A ce nom générique de plongeon, déjà si significatif, viennent s'ajouter une longue série de surnoms, tels que : mange-poudre, sac-à-plomb, trompe-l'œil, etc, etc. S'il possède de si éminentes facultés de natation, il n'en est pas de même pour le vol : ses petites ailes, courtes et pointues, ne peuvent fournir une longue traite ; aussi cherche-t-il tous les moyens d'échapper au chasseur sans avoir recours à cette suprême ressource. Dès qu'il se sent fatigué ou poursuivi de trop près, il plonge une dernière fois, et va se cacher dans les herbes, les joncs, les plantes aquatiques. ne laissant hors de l'eau que l'extrémité de son bec; et il arrive fréquemment qu'il sauve sa vie, après avoir reçu vingt ou trente coups de fusil.

Il arrive et repart aux époques ordinaires de migrations; cependant un grand nombre restent toute l'année sur nos étangs et nos lacs : les départements du Nord, la Picardie, la Normandie, la Bretagne, la Champagne, la Bresse, les étangs qui longent les Landes et la zone méridionale, sont les endroits les plus fréquentés, et ils s'y rencontrent souvent à foison.

Comme, en général, ils se laissent aisément approcher, on doit les tirer avec du plomb n° 8 ou 10.

La Macreuse. — Connue sous le nom de *morèle*, de *foulque*, la macreuse arrive en octobre ou dans les premiers jours de novembre ; elle voyage la nuit, en bandes considérables, faisant retentir l'air de son cri sec et métallique : *Tep ! Tep !* elle n'est que de passage dans certaines parties de la France, tandis que dans d'autres elle passe tout l'hiver, souvent même le printemps, et niche dans les marais, sur les îlots ou sur le bord des étangs.

Dans les marais, les trous des tourbières, les joncs des rivières, elle va par couples, par petites bandes. Isolée, elle tient bien l'arrêt, et ne s'envole de loin que si le terrain est par trop découvert : elle frappe alors deux ou trois coups d'aile, pour

se soulever, rase l'eau pendant quelques instants,
en agitant les pattes comme si elle courait, puis
monte au vent et prend définitivement son essor.

Dans les grands étangs salés du Languedoc, du
Roussillon et de la Provence, elle se trouve en si
grande quantité, que des battues, ou plutôt des
chasses princières, royales, que l'on nomme volées
(*vouladas*), sont organisées tous les ans, à plusieurs
reprises, et il n'est pas rare de compter huit ou dix
mille macreuses tuées, sans compter celles qui ne
peuvent être retrouvées : car l'une des particulari-
tés de ce singulier oiseau, c'est, quand il se sent
blessé grièvement, de plonger, de saisir avec ses
ongles aigus les algues, les herbes qui poussent
au fond de l'eau, et d'y rester cramponné jusqu'au
dernier soupir. Dans la plupart des volées auxquelles j'ai pris part, il m'est arrivé de retirer du
fond de l'étang des macreuses ainsi noyées : les
eaux sont très transparentes, de profondeur moyenne, et avec la gaffe, ou mieux encore avec une
fouane à long manche, je les ramenais tenant encore
dans leurs doigts crispés les herbes aquatiques.

Lorsque dans les grandes volées, deux ou trois
cents bateaux, formant un arc de cercle, ont refoulé
les macreuses dans une baie ou crique des étangs,
ces oiseaux s'envolent en tourbillonnant, aimant
mieux passer au-dessus des chasseurs pour regagner
les grandes eaux, que de se diriger vers la terre, à
moins qu'un étang n'avoisine de très près celui sur
lequel ils sont poursuivis. Après trois ou quatre

passes successives, les grands vols se dispersent, se disséminent : alors, après la bataille rangée, commence la bataille de guérillas. L'escadrille, quittant les rangs, se déploie en tirailleurs, et les airs retentissent jusqu'au soir de nombreux coups de fusil. Ce qui se consomme de poudre et de plomb n° 5, de vivres et de bouteilles, dans une seule de ces journées, suffirait aux approvisionnements d'un corps de troupes.

Vers les trois ou quatre heures de l'après-midi, il ne reste plus sur l'étang que les macreuses blessées, ou trop fatiguées pour pouvoir gagner la mer ; il n'est pas rare alors d'en tirer à douze ou quinze pas.

Si le vent souffle, que les eaux soient agitées, mettez en pratique les observations que j'ai énoncées au paragraphe concernant le grèbe : ayez la précaution de ne jamais tirer dans la direction d'un bateau : les plombs ricochent sur lui et conservent fort loin une grande force de pénétration. Il vaut mieux laisser échapper une macreuse que d'aveugler un voisin, ou tout au moins de s'attirer une bordée d'injures, qui dégénèrent en rixes, comme je l'ai vu beaucoup trop fréquemment.

Les époques où se font les volées, dans le Midi, sont à peu près fixes, à quelques jours près, et commencent dans le courant de décembre. Les meilleurs étangs sont ceux de Palavas et de Maugnio, près de Montpellier ; d'Escamandre, de Vauvert, de La Ville, près d'Aigues-Mortes ; de Vin-

dres, près de Beziers ; en Provence, celui de Berre,
que longe le chemin de fer avant de traverser le
tunnel du Pas-des-Lanciers ; en Roussillon , celui
de Cigean et de La Nouvelle. Des affiches, apposées
en grand nombre dans les villes et les villages,
fixent le lieu , le jour, l'heure, les conditions de la
chasse. Les droits d'entrée se comptent ordinairement par bateau et par chasseur, mais dépassent
rarement cinq francs par tête.

On peut encore tirer la macreuse à la pioütade et
au rayon. Je me dispense d'en parler ici, puisque
j'ai parlé de ces deux moyens dans un article spécial.

La Poule d'eau. — La poule d'eau ne s'enlève
d'elle-même, devant le chasseur, que lorsqu'elle est
dans un endroit complétement découvert. Pour peu
qu'un abri s'offre à elle, il faut un bon chien, ou
battre avec soin chaque touffe de joncs, de roseaux
ou d'herbes ; encore s'échappe-t-elle souvent en
plongeant, et allant au loin sortir son bec, sous
une feuille où elle reste immobile, jusqu'à ce que
le danger soit passé.

On reconnaît la présence de la poule d'eau en
étudiant les terrains vaseux sur lesquels s'impriment ses longs doigts, en examinant les herbes
aquatiques qui s'étalent sur les eaux : elle y laisse
des traces de son passage, de petits sillons où l'herbe
est foulée comme dans un sentier, de petites plu-

mes qui s'y trouvent attachées, enfin des taches blanches larges comme une pièce de deux francs, résultats de sa nourriture.

Elle arrive en octobre pour repartir au printemps; mais bon nombre habitent la France toute l'année et s'y reproduisent. Elle fréquente tous les pays, tous les endroits où il y a de l'eau et du couvert, vit dans les eaux salées comme dans les eaux douces; son vol est direct, sans crochets, et ne présente aucune difficulté; un ou deux grains de plomb n° 8 suffisent pour l'abattre; mais si en tombant sous le coup elle n'étend pas une aile, vous aurez de la chance si vous la retrouvez après le plongeon qu'elle exécute aussitôt; si, au contraire, l'une de ses ailes s'étire, elle est bien morte et ne donne que la peine de la prendre.

LE RALE. — Quoique l'un des plus petits oiseaux de marais, le râle n'en mérite pas moins une place parmi les animaux de tir : non-seulement sa chair est savoureuse, délicate, mais sa chasse offre des péripéties qui la rendent attrayante. La nature l'a doté richement, car elle a réuni en lui tous les moyens de locomotion : il marche et court avec rapidité, grimpe, vole, nage et plonge. Avec tous ces moyens de défense, il échapperait aux dangers, si les émanations qu'il répand ne donnaient au chien toute facilité pour ne pas perdre sa trace; la surface de l'eau elle-même retient les atomes odorants qui s'exhalent des êtres animés, et le râle plus que tout autre subit la loi commune.

Quoique cet oiseau habite en France toute l'année, y niche et s'y reproduise, le printemps et l'automne sont les époques où un grand nombre émigre vers le Nord et en revient. Les eaux douces, les marais, sont grandement peuplés; et quand, vers le soir, un coup de fusil retentit, de chaque jonc, du milieu des saules, des tamaris, des roseaux, s'élève le cri prolongé des râles, dont la note stridente est répétée de proche en proche jusqu'aux confins des marais.

Tuer un râle sans l'aide d'un bon chien ne peut arriver que par l'effet du hasard, car, au moindre bruit, il nage ou court vers l'endroit le plus fourré, plonge ou grimpe, sous les racines ou sur les branches ; la petitesse de sa taille vient en aide à ses ruses, et ce n'est que sous le nez du chien qu'il se décide à prendre son essor : sa perte est alors certaine, car, de même que le râle de genêts (roi des cailles), il vole les pattes pendantes, la tête haute, dans une position enfin presque perpendiculaire, et présente un but que ni crochets ni coups d'aile inattendus ne viennent dérober au chasseur. Ses plumes sont si peu résistantes, sa peau si fine, qu'à vingt cinq ou trente pas, un grain de plomb n° 10 le traverse fréquemment de part en part.

L'Outarde. — Nous connaissons en France deux

espèces d'outardes : la grande, ou outarde barbue ; la petite, ou canepetière.

L'outarde barbue, ainsi nommée à cause des longues plumes soyeuses qui sont implantées de chaque côté de la mandibule inférieure, arrivait autrefois en bandes considérables qui couvraient les immenses plaines de la Champagne et de la Lorraine ; elle arrivait en avril, pour regagner en hiver les contrées méridionales ; maintenant elle est comme le RARA AVIS des anciens. Quelles raisons peut-on en donner? Nul ne le sait ; mais à présent, tuer une outarde est un haut fait cynégétique dont on peut s'enorgueillir : car porter au logis un oiseau d'un mètre de haut, et pesant vingt-cinq ou trente livres, est un triomphe qui doit donner au chasseur heureux une haute idée de la faveur dont il jouit auprès de saint Hubert.

Il ne faut pourtant pas renoncer à tout jamais à ce diamant de la chasse, que l'on trouve encore de loin en loin, surtout en Champagne, aux environs de Châlons-sur-Marne, dans les grandes plaines de Suippes, de Mourmelon, et dans la commune de Baconnes. Lorsque l'hiver est rigoureux, non-seulement l'outarde barbue arrive plus nombreuse dans le nord de la France, mais elle pénètre jusque dans le midi : je l'y ai rencontrée plusieurs fois, et, tout comme un vieux Romain, j'ai pu jeter deux belles pierres blanches dans la tirelire des jours fastes.

En chasse, moins que partout ailleurs, il faut

désespérer, ou renoncer à fumer le calumet des grandes occasions ; exemple :

C'était en décembre ; la longue et triste plaine de la Crau s'étendait devant nous ; il était deux heures, et, en chasse depuis le matin, nous n'avions pu faire lever qu'un maigre lièvre ; mais, en revanche, le mistral, ce fils aîné des vents, hurlait, soufflait, faisait rage : lutter contre lui eût été folie ; il fallait rentrer à Arles, et rentrer bredouilles. Nous mourions de faim et de froid : aussi fut-il décidé à l'unanimité qu'avant de nous remettre en route, vent debout, il était impossible de ne pas déjeuner. Le berger qui portait les vivres nous fit faire oblique à gauche, pour gagner une espèce de ravin, profonde dépression de terrain où nous devions trouver un abri momentané contre les fureurs de la tempête.

Désireux d'un repos dont j'avais grand besoin, je devançai mes compagnons et arrivai en courant jusque sur le bord du ravin : épauler rapidement, faire feu, jeter ma casquette au mistral, qui l'emporta, et pousser des cris de joie en dansant une pyrrhique effrénée, fut l'affaire d'un instant. Entouré aussitôt par mes compagnons, qui me croyaient fou, je ne pus prononcer un seul mot, mais leur montrai le fond du ravin, où une outarde barbue nous présentait son riche plumage que le vent seul soulevait, car mon coup de fusil, tiré à moins de dix pas, avait presque fait balle.

Tout chasseur comprendra les sensations que l'on

éprouve devant un pareil résultat ; la chasse est un reflet de la guerre : tuer une outarde est une action d'éclat. Courez donc les grandes plaines, loin des centres de population ; cherchez : c'est là que vit la grande outarde ; elle est sauvage, très difficile à approcher, mais on peut la surprendre par hasard, ou par des manœuvres habiles ; il faut, pour plus de sûreté, se servir des plus forts numéros de plomb.

L'outarde canepetière est plus commune que sa congénère, fréquente comme elle les grandes plaines, mais se trouve surtout dans les champs de trèfle, de sainfoin, de blé noir. Je ne l'ai jamais vue en troupes, mais toujours isolée, ou par couples. Les passages d'octobre sont plus nombreux que ceux d'avril, et, en Lorraine, en Champagne, en Sologne, dans les Landes, il n'est pas rare d'en tuer plusieurs dans une matinée.

Comme elle recherche le couvert, à l'inverse de la grande outarde, elle est de plus facile approche, et l'on peut la tirer quand elle court devant le chien, le corps tout à fait penché en avant, les ailes entr'ouvertes, battant l'air avant de s'enlever de terre et prendre son vol, qui n'est jamais de longue haleine.

Beaucoup plus petite que l'outarde barbue, elle ne dépasse guère le poids de cinq à dix livres, tient bien l'arrêt, surtout dans le fourré, et court avec une vitesse étonnante quand elle est démontée. A l'approche du chien, elle se met en défense et combat avec des armes redoutables.

Il y a quelques années, en chassant dans les Landes, j'avais, de fort loin, tiré une canepetière, et lui avais seulement cassé le guidon. Mon chien, plein d'ardeur, se mit à sa poursuite, et l'atteignit bientôt : il fut si rudement reçu à coups d'ailes, que je me hâtai d'intervenir, armé d'une bonne branche de pin à l'aide de laquelle je mis fin à un duel où le *radius* et le *cubitus* du bipède résonnaient sur les côtes du quadrupède comme des baguettes sur la peau tendue d'un tambour. J'ai ouï dire, dans les Provinces danubiennes et en Hongrie, contrées fréquentées par les outardes, qu'à l'époque de l'accouplement, les mâles se livraient de si rudes combats, que l'os de leurs ailes était en partie dénudé ou couvert de larges ecchymoses.

Quand un animal est rare ou de difficile approche, la chasse en battue offre des avantages incontestables : je la conseille donc ; mais, quand vous serez posté, rendez-vous invisible : les paysans prétendent que l'outarde, de même que le corbeau, sent la poudre ; méfiez-vous plutôt de son œil, et chargez un canon avec du n° 5, l'autre avec du n° 2 ou tout au moins du n° 3. Vous pouvez tirer ainsi à moyenne et à longue distance, puis rentrer en triomphateur, surtout si vous avez à offrir à quelque belle châtelaine les longues moustaches de l'outarde barbue : les cheveux et la coiffure y gagneront un charme de plus, et vous, peut-être un sourire, ou mieux encore.

L'Oie. — L'oie est un oiseau essentiellement de passage, qui ne nous arrive qu'au moment des grands froids, seule raison qui avance ou retarde l'époque de la migration d'hiver : car au printemps, le retour vers les régions arctiques ne s'opère plus par nos contrées.

Dire de quelqu'un : « C'est une oie! » équivaut à un brevet de bêtise ; et pourtant, que de gens qui se laissent duper, attraper, devraient ressembler pour les qualités intellectuelles à l'oie tant décriée! La nature ne lui a-t-elle pas fait connaître qu'il fallait, dans un voyage fatigant et de longue haleine, chercher dans la région des nuages une couche atmosphérique moins dense ; que la colonne d'air qu'il fallait déplacer ne pouvait l'être facilement qu'en tant qu'une troupe nombreuse la fendrait, non en bataillon carré, en lignes compactes, mais en formant un V, dont la pénétration équivaudrait à celle d'un coin de fer fendant un tronc noueux et solide ; que la place d'honneur était aussi la plus pénible, et que chaque membre à son tour devait venir l'occuper ; qu'il était plus sûr et plus prudent de ne s'approcher de la terre qu'après le lever du soleil ; qu'une large plaine, des champs dépouillés d'arbres et de buissons offraient des garanties de sécurité, et que la pose de sentinelles vigilantes permettrait de se livrer au repos, ou à la recherche de la nourriture, jusqu'au moment où un cri d'alarme viendrait annoncer la présence d'un ennemi?

Ce n'est que lorsque le temps est bas, sombre, chargé de neiges, que l'oie abaisse son vol : inquiète de ne plus voir la terre, elle s'abat dans la première place bien découverte qu'elle rencontre ; mais son approche est difficile, et si la configuration du terrain ne vient en aide au chasseur, il ne doit compter que sur le hasard.

Il est pourtant un moyen qui offre des chances de succès.

L'oie est friande de grain ; donc, à l'époque des grands passages, il faut choisir au milieu des champs que l'on sait fréquentés la place d'où l'œil peut embrasser un large rayon, y creuser une fosse assez large pour pouvoir s'y asseoir et faire feu commodément ; puis on coupe des branches que l'on recouvre de chiendent sec, des plantes arrachées par les cultivateurs, de tout ce qui enfin peut faire ressembler la cachette aux terrains environnants ; puis, à bonne portée, on étale et éparpille une demi-douzaine de gerbes.

Il faut être placé et caché avec soin avant que le jour paraisse, et plus le temps est gris et froid, plus on peut avoir l'espoir de tirer un coup de fusil. Pareil affût est une dure extrémité, une humiliation pour le chasseur ; mais, pour arriver à tuer une oie, des oies, on doit bien supporter quelque chose, d'autant plus que les passages ne durent jamais longtemps, que la même bande d'oiseaux ne revient jamais deux fois de suite au même endroit, à moins de circonstances atmosphériques tout à fait exceptionnelles.

J'ai vu et pratiqué cette chasse dans les grandes plaines danubiennes ; le moyen est bon, mais évitez le perfectionnement que j'avais essayé, qui est d'attacher par la patte une oie domestique. J'avais fait choix d'un beau jars gris-souris, ressemblant de tous points aux oies sauvages : chaque fois qu'une bande s'abaissait, mon jars endiablé tirait sur la ficelle, tombait sur le côté, se démenait, jurait, battait de l'aile, se roulait furieux, si bien qu'au lieu d'un appeau, j'avais juste choisi un épouvantail.

L'oie est couverte d'un duvet fin, serré, épais, de plumes fortes et dures à pénétrer ; il faut donc, dans tous les cas et quel que soit le mode de chasse adopté, charger son fusil fortement et prendre du plomb n° 4. Quand le premier coup est tiré posé, les oies se rassemblent tumultueusement, lèvent haut la tête, battant des ailes en poussant des cris discordants ; cela ne dure qu'une seconde, mais donne le temps de tirer de nouveau, non plus en plein corps, mais au beau milieu des têtes rassemblées.

Le Ganga. — Les chasseurs ne connaissent généralement le ganga que pour l'avoir vu dans les collections d'oiseaux empaillés. Ceux qui en ont tué le confondent quelquefois avec la gélinotte ; il est cependant impossible de prendre l'un pour l'autre : la taille, la forme du bec, les ailes, la queue, les couleurs des plumes, tout est différent. Il n'y a de point de contact que dans les pattes, qui, dans l'une comme dans l'autre espèce, sont recouvertes jusqu'aux ongles de petites plumes dures et pour ainsi dire écailleuses.

Le ganga est de la taille d'une perdrix rouge, mais sa tête est plus grosse, plus ronde ; il ressemble pour la forme à une caille, seulement les ailes sont longues et pointues ; la queue, plus ronde, est cachée de même que dans la caille, quand il est en marche ou au repos. L'un des caractères qui le distinguent encore de la gélinotte, c'est qu'il vit en compagnie dont les membres se rappellent, se rejoignent aussitôt après qu'une cause quelconque les a forcés de se séparer.

Il tient bien l'arrêt ; mais lorsqu'il prend son essor, ses allures sont d'une extrême rapidité et son vol de longue haleine. En traversant à cheval la plaine de la Crau, nous fîmes lever une compagnie de gangas ; nous mîmes nos chevaux au galop, dans l'espoir de les forcer, comme nous avions l'habitude de le faire pour les perdreaux rouges ; mais nous nous vîmes obligés d'y renoncer, car la seconde fois que nous les relevâmes, leur vol fut d'une telle vitesse, la distance où ils nous laissèrent si considérable, que nous les perdîmes de vue en quelques minutes, quoique nos excellents chevaux eussent déployé tous leurs moyens.

Le ganga n'est point un oiseau de passage; il vit sédentaire en France, ne se trouve que dans le Midi et seulement dans les lieux complétement isolés, loin des plus petites habitations, dans les endroits, plaine ou montagne, dont les terrains secs, pierreux, presque sans végétation, conviennent à ses habitudes solitaires et timides.

En septembre, les jeunes couvées ont atteint tout leur développement, mais se distinguent par la couleur plus claire de leur bec, par la mandibule supérieure, dont la pointe est plus aiguë, enfin par une teinte des plumes du dos d'un jaune beaucoup moins prononcé que celui des vieux gangas. Leur chair est d'un goût exquis et acquiert, au bout d'un an, une teinte safranée assez semblable à la couleur de la graisse d'ortolan.

Cet oiseau se rencontre dans la plaine de la Crau d'abord, puis dans toutes les Pyrénées, autour du Canigou, dans le Capsire, où j'en ai souvent tiré, et dans le département de l'Aude, sur les grands plateaux d'Emmalo, du Clat, jusqu'à Roquefort.

Excepté dans la plaine, il est à peu près impossible de le retrouver après son premier vol : il ne se contente pas, comme le perdreau, de traverser un vallon, un précipice, mais franchit en droite ligne tous les obstacles; deux ou trois kilomètres ne sont rien pour son aile vigoureuse. Ce qu'il parcourt en cinq ou six minutes, le chasseur mettrait cinq ou

six heures à le faire dans les montagnes accidentées
qu'il fréquente. Aussi, quand s'est présentée l'occasion de le tirer, je n'ai jamais hésité, même à portée extrême ; le hasard est grand et le plomb du 6
peut atteindre fort loin.

LE RAMIER. — Quelques ramiers sont sédentaires
en France, y nichent et s'y reproduisent, mais ce n'est
jamais que dans des conditions particulières de sécurité, car cet oiseau est essentiellement migrateur.
Il nous arrive en mars, s'arrête peu de temps, puis
gagne le Nord, d'où il nous revient au commencement de septembre en troupes innombrables. Nos
bois, nos forêts, en retiennent quelques-uns pendant
tout l'hiver, mais les corps d'armée se rassemblent
dans nos départements méridionaux pour se rendre
en Espagne, en traversant les vallées des Pyrénées
en bataillons compactes. Au moyen de grandes pen-
tières établies dans ces vallées, on en prend de
grandes quantités. Si l'on veut les tirer au vol, au
moment du passage, on se place en arrière des filets.
et ceux qui s'en échappent sont reçus à coups de
fusil.

Les ramiers qui passent l'hiver chez nous élisent
domicile dans les bois, les parcs, dont les grands
arbres leur offrent un perchoir pour la nuit; ils
choisissent un chêne séculaire, aux branches noueu-
ses, dont la cime et les bras desséchés dominent les
alentours ; ils le quittent avec le jour, vont dans les
champs chercher leur nourriture, se désaltèrent au

long des ruisseaux ou sur le bord des mares, volent jusqu'au moment du coucher du soleil, puis, de tous les points de l'horizon, regagnent l'arbre qu'ils affectionnent. Avant de s'endormir le soir et de partir le matin, ils lissent leurs plumes, s'ébouriffent, se secouent : il est donc facile de reconnaître le perchoir, soit aux plumes, soit aux excréments, qui s'accrochent aux branches ou jonchent le sol.

Pendant qu'il est aux champs, le ramier est défiant, soupçonneux, par conséquent de difficile approche ; mais dès qu'il est branché, sa confiance renaît : il voltige quelques instants au-dessus du perchoir pour choisir la branche où il passera la nuit ; alors les groupes se forment, se rapprochent, s'agglomèrent ; les derniers venus convoitent les places déjà occupées ; coucher isolé est bien dur quand il fait froid : aussi, après avoir reconnu qu'ils n'avaient rien à attendre de la bonne volonté, ils emploient la ruse et la force. Après s'être posés sur le dos de leurs compagnons, ils marchent sur ce terrain vivant, glissent, battent des ailes, reprennent leur promenade malgré les protestations, et, dès qu'un mouvement, une fausse manœuvre rompt la ligne, ouvre un espace large d'un pouce, ils s'élancent, poussent à gauche, poussent à droite, leurs pieds touchent à la branche : la force d'inertie est vaincue ; ils ont conquis une position, ils dormiront un peu serrés peut-être, mais bien chaudement.

En examinant la structure du ramier, on est

étonné du développement des pectoraux, de la puissance de muscles des ailes et de la petitesse des cuisses : aussi, cet oiseau a-t-il un vol des plus rapides, et, comme tous les membres de la gent colombine, peut-il sans fatigue supporter les plus longs voyages ?

Il se rencontre un peu partout en France, mais principalement dans les pays où les chênes, les hêtres, leur offrent pour l'hiver leurs fruits nourrissants. J'ai tué des ramiers ayant dans l'œsophage, et jusque dans le cou, des glands énormes et des cailloux de la grosseur d'un petit pois.

Si l'on veut conserver les ramiers et ne pas leur faire quitter la localité, il faut éviter de les tirer au perchoir, ou ne le faire que de loin en loin. Rien n'empêche de les attendre à la passe : pour cela faire, on examine, au coucher du soleil, la ligne que suit le plus grand nombre pour rentrer au logis ; on se place derrière un buisson, un rocher, un tronc d'arbre, de façon à pouvoir tirer au vol aisément et éviter d'être aperçu de loin, car le ramier a fort bonne vue. On charge son fusil avec du plomb n° 6, et on tâche de tirer droit.

Si vous voulez attaquer le perchoir, arrangez pendant la journée un affût en branchages ou en pierres sèches, à portée de l'arbre, et allez vous y installer vers les quatre heures, quatre heures et demi. Si, avant que le soleil s'abaisse tout à fait à l'horizon, quelque ramier vient se poser, tirez-le, ce sera un de plus dans le sac. Il est encore trop tôt

pour que vous ayez à craindre d'effrayer les autres ;
mais quand la cime des arbres est seule dorée par
les rayons du soleil couchant, ne bougez plus, ils
vont arriver par deux, par trois, de tous les côtés ;
ils se perchent un peu partout ; attendez, ayez de la
patience, laissez-les se bien établir, se grouper, s'é-
tager. Choisissez de l'œil la place où vous devez
ajuster ; quand vous voudrez faire feu, tirez le
premier coup au beau milieu de l'assemblée, puis
lâchez immédiatement le second, en visant un peu
plus haut, et vous verrez et entendrez dégringoler
au travers des branches, rebondir par terre, une avalanche de superbes et gros bipèdes.

Si la neige couvre le pays, ou que, par une nuit
claire, le vent souffle fortement, vous pouvez, vers
les sept heures, arriver jusque sous le perchoir
sans que les ramiers prennent l'éveil. Dans leur
premier sommeil, le bruit du coup de fusil ne les
effraye pas tous ; il en demeure toujours quelques-
uns que l'on peut encore tirer ; cependant, si plusieurs fois dans la même semaine leur repos est
troublé, ils vont plus loin chercher un autre arbre
et des nuits plus tranquilles.

Le Biset. — D'un tiers plus petit que le ramier,
le biset ne se rencontre que rarement dans le Nord,
mais passe, en octobre et en novembre, en vols considérables dans nos départements méridionaux. Les
chasseurs qui ne sont pas du pays n'osent souvent
pas les tirer, croyant que ce sont des pigeons do-

mestiques ; l'habitude les fait pourtant facilement reconnaître à une grande distance : leur allure rapide est plus régulière, leur vol plus uniforme, leur troupe plus serrée, plus compacte ; tous les individus ont le même plumage gris ardoisé avec le bout des plumes presque noir, la queue coupée de bandes transversales noires, le croupion d'un blanc pur, le bec gris rosé, l'iris de l'œil jaune d'or, et la patte d'un gris carminé.

Il ne s'arrête jamais plus de deux ou trois jours dans les mêmes lieux, couche dans les bois de pins, ou sur un arbre isolé : dès le point du jour il prend son essor, soit pour chercher sa nourriture dans les champs, soit pour continuer ses pérégrinations. Dans le premier cas, il se mêle volontiers aux pigeons domestiques ; mais on le reconnaît à ses allures vives, à ses mouvements presque brusques, quoique pleins de grâce ; il court, trottine dans les chaumes ou les terres labourées, s'enlève sans motif apparent pour reprendre terre tout aussitôt ; mais si la présence de l'homme lui fait redouter un danger, il part à tire-d'aile et disparaît pour ne repasser qu'à la saison prochaine.

A moins que le hasard ne serve le chasseur, il n'est qu'un seul moyen de le tirer, mais il réussit bien.

Dans les champs ou les guérets, que le biset fréquente ordinairement à l'époque du passage, on fait creuser un trou assez profond pour être assis commodément sur un rebord intérieur que l'on ménage de manière que la tête seule dépasse le niveau du terrain ; l'on plante en biais, tout autour du trou, des branches d'arbre, dont les bouts en se rejoignant forment voûte ; plus elle est basse et prend l'aspect d'un simple buisson, mieux cela vaut. Pour entrer plus facilement dans le trou, on enlève deux ou trois branches par derrière, et on les repique avec soin quand on est en place.

A quarante ou cinquante pas, on place à terre, et espacés l'un de l'autre à peu près de deux pieds, des mannequins en bois ayant la forme de pigeons, peints en gris foncé, avec de petites taches noires sur le dos, des bandes de la même couleur sur la queue, de façon à imiter le biset ; on répand un peu de blé dans l'axe du point de mire ; on met, un peu sur le côté, pour ne pas gêner le tireur, deux ou trois gerbes qui attirent de loin l'attention du pigeon voyageur ; les confrères en bois si bien peint lui donnent confiance, le blé répandu éveille sa gourmandise, il abaisse aussitôt son vol, rase bientôt la terre, vient se poser avec tous ses amis et commence un repas que le coup de fusil tiré au milieu des têtes alignées rend d'autant plus dangereux, que les deux canons sont chargés avec du plomb n° 7.

Le Vanneau. — Un proverbe bien connu dit : *Qui n'a pas mangé de vanneau, n'a pas mangé un bon morceau* ; mais un autre plus populaire encore nous apprend que : *Des goûts et des couleurs il ne faut point disputer*. Si la chair de cet oiseau élégant est noire, sèche, souvent coriace, en revanche ses œufs sont fins et délicats. En Hollande, j'en ai mangé plusieurs fois, soit en omelette, soit cuits durs au four : ils sont vraiment délicieux, et on en mangerait toujours, n'était le serrement de cœur qu'éprouve le chasseur en pensant aux nombreuses couvées ainsi détruites par pure gourmandise. Comme il ne niche que très rarement en France, nous n'avons pas à prêcher une croisade contre les dénicheurs. Quand le vanneau nous arrive, les petits sont assez forts pour supporter les fatigues de la route, puisque ce n'est qu'en octobre et novembre que leurs troupes innombrables traversent nos pays pour se rendre en Espagne, en Sardaigne ou en Afrique, puis repassent en mars et au commencement d'avril pour regagner immédiatement le Nord.

Le vanneau s'arrête un peu partout, même sur les montagnes et dans les plaines cultivées ou arides, fuit les bois, mais cherche de préférence les endroits humides, les marécages, les prairies, les bords des rivières ou de la mer, où il peut trouver en abondance les vers dont il fait sa principale nourriture, et, s'il s'approche des troupeaux de bœufs, vaches ou moutons, sans paraître redouter le voisinage du berger, je crois pouvoir être certain d'en avoir trouvé la raison.

Tout le monde sait, et les pêcheurs à la ligne surtout, que les vers de terre recherchent les terrains humides et faciles à percer; que, plus le sol est frais, moins profondément il faut creuser pour le trouve.

Il n'est personne qui n'ait vu le ver sortir précipitamment de sa galerie souterraine, lorsqu'on enfonce
la pioche ou un simple bâton. Dans les prairies, les
marécages non vaseux, les bœufs ou autres quadrupèdes forment dans le sol des empreintes souvent
profondes : le ver, sentant une pression, sort immédiatement, rampe un instant à la surface, puis
cherche à se cacher de nouveau. Le vanneau, lui
aussi, a été guidé par son instinct et a fait la même
remarque : les troupeaux travaillent pour lui sans
s'en douter, et lui offrent une nourriture abondante
qu'il n'a que la peine de ramasser. Les paysans, les
bergers, disent que ce n'est que pour fouiller les
bouses de vaches ; il est vrai qu'il le fait quelquefois,
mais voici dans quelle circonstance j'ai pu me convaincre de la vérité et de l'exactitude du fait énoncé
ci-dessus.

Je chassais un jour aux environs de Montpellier,
à Maurin, magnifique terre située près des étangs
et appartenant à l'un de mes amis d'enfance ; des
bœufs paissaient dans les prairies marécageuses, et
j'aperçus de nombreux vanneaux, courant, sautil-
lant, voletant entre les jambes mêmes des paisibles
ruminants. J'étais trop éloigné pour pouvoir tirer :
j'étudiai donc la direction probable que les bœufs
prendraient en paissant ; en me courbant derrière
une petite digue, j'allai me placer à l'endroit où je
jugeais qu'ils devaient arriver. Les bœufs marchaient
lentement, les vanneaux les suivaient pas à pas ; je
pus voir que leurs allées et venues, leur course lé-

gère, le rapprochement subit de deux ou trois d'entre eux, n'avaient pour but que la chasse au ver de
terre. A cinquante pas de l'endroit où j'étais caché,
l'un d'eux piqua vivement à côté du pied d'un bœuf
et ramena un long ver qui, par ses tortillements,
protestait contre le sort qui lui était réservé; aussitôt deux ou trois vanneaux se précipitèrent vers
l'heureux possesseur, qui s'enfuit en courant, le cou
tendu, la tête haute, le corps penché en avant,
poursuivi par ses compagnons, absolument comme
il arrive dans nos basses-cours lorsqu'une poule a
fait la rencontre d'une riche proie, trop grosse pour
être avalée sur-le-champ, et qui, par conséquent,
excite la convoitise de toute la gent pondeuse.

Après mes deux coups de feu, je suivis un instant les bœufs et pus me convaincre d'une façon
irrécusable que presqu'à chaque pas foulant le terrain, il sortait tout autour de l'empreinte et sur un
rayon de plusieurs pouces des vers gros et petits
en quantité suffisante pour fournir d'amples provisions à des centaines d'oiseaux *verroteurs*.

Le vanneau est très défiant, de difficile approche;
J'avais ouï dire qu'on pouvait le contourner en con-
trefaisant l'homme soûl ; j'ai essayé plusieurs fois, jamais je n'ai réussi. Dans les marais, l'affût du matin
et du soir est un excellent moyen de le tirer.

Après le coucher du soleil, il abaisse son vol et
s'annonce de loin par son cri : *Pîî ouït ! Pîî ouït !*
qu'il répète fréquemment et qu'on peut imiter parfaitement avec une petite trompette d'un sou, en

ayant soin de la couper un peu au-dessus du pavil-
lon. Pendant le jour il vole haut; mais en employant
le même moyen que les chasseurs au filet, on peut
le faire descendre des hauteurs du ciel et le tirer
à bon port. Si le terrain est traversé par un fossé à
sec, couvrez de branches et de joncs l'endroit où
vous voudrez vous établir ; sinon, faites un trou en
terre comme pour la chasse au biset; placez à bonne
portée de fusil une douzaine de vanneaux empaillés,
et un ou deux appeaux vivants attachés par un cor-
selet à un petit cerceau que vous soulèverez alternativement, au moyen de deux cordelettes que vous
garderez à portée de la main et que vous tirerez dès
qu'apparaîtra un vol d'émigrants ; l'attention des
vanneaux sera attirée, et ils s'abaisseront d'autant
plus sûrement que vous serez mieux caché et que
les appeaux et la trompette d'un sol rempliront
mieux leur office.

Je n'indique pas le moyen de les approcher avec
la vache artificielle ; je n'ai jamais ni vu ni essayé
cette enveloppe, qui me paraît par trop excentrique.

La Grive. — Nous avons en France plusieurs
variétés de grives : la draine, la grive ordinaire ou
tourde, la litorne et le mauvis.

La draine ou grosse grive est la seule qui passe
toute l'année dans nos pays; elle y niche et se rencontre dans les bois, les forêts, mais son approche
est difficile : elle part de loin, et ce n'est guère qu'en
se maintenant caché aux alentours des cerisiers, des

merisiers, des sorbiers des oiseaux, des vignes sauvages, des oliviers, que l'on peut la tirer aisément. Sa taille est au moins d'un tiers plus forte que celle du tourde, mais sa chair est plus sèche, plus dure, et beaucoup moins parfumée, excepté dans certaines contrées où les baies de genévriers lui communiquent un précieux arome ; les draines de la montagne Noire, de la Lozère, surtout celles de Camarès, jouissent d'une grande réputation.

Dès qu'arrive le mois de septembre, la grive ordinaire ou tourde peuple nos bois, anime nos haies, fait entendre son cri métallique : *Tsick ! Tsick !* Le tourde voltige de tous les côtés, cherchant les baies, les insectes, jusqu'au moment où les raisins sont mûrs : dès lors il ne quitte plus les vignes, y accourt à la pointe du jour, n'en repart qu'au coucher du soleil pour aller passer la nuit dans les bois.

Quoiqu'il se rencontre presqu'à chaque pas, on ne peut pourtant pas dire qu'il se réunit en troupes, car ce n'est jamais qu'isolément qu'il vit. Son tiré dans les vignes est des plus amusants : il court assez rapidement, cherche à se dissimuler entre les souches, monte sur une motte de terre pour mieux écouter ; si le danger est proche, il part d'un vol irrégulier mais rapide, et va se remettre plus loin en plongeant sous les pampres. Quand le temps est lourd, chaud, ou qu'il a trop bien déjeuné, il hésite à s'envoler, il sent qu'il n'a plus tous ses moyens d'action : il faut alors frapper la terre du pied, en faisant entendre

le brrrou! habituel au chasseur qui veut faire partir le gibier. Si le coup de fusil atteint dans le vide,
l'oiseau redouble ses coups d'ailes irréguliers; s'il
est blessé, il tombe comme frappé de mort; mais à
peine touche-t-il le sol, qu'il court avec vitesse, sautille s'il n'a plus qu'une jambe, et se cache sous les
feuilles étalées au ras de terre, sous les racines
d'un cep, entre deux mottes, et ne fait plus un seul
mouvement qui puisse trahir sa ruse.

Sous bois, à moins qu'on ne l'attende au passage pendant que les rabatteurs traversent buissons et taillis, il faut agir avec précaution pour
pouvoir le tirer à bonne portée. Il trahit toujours sa
présence par son cri. Tant que rien de suspect ne
se fait entendre, il se tient à terre à la recherche
des larves, des petits vers, des graines de plantes,
ou sur les buissons les plus épais, où il procède à
la cueillette des baies, dont il est très friand; mais
au moindre bruit il fait entendre un appel d'alarme,
s'envole à quelques pas, saute de branche en branche, toujours en montant, et finit par se cacher au
plus touffu d'un grand arbre, ou dans la fourche
d'une branche. Il est alors fort difficile de le voir,
car il ne révèle sa présence par aucun indice; sa
voix elle-même prend les intonations de la ventrilo-
quie : elle paraît tantôt descendre du ciel, tantôt
provenir de toute autre direction que celle qu'il occupe réellement. Les coups de feu l'effrayent peu;
si l'on est deux, que l'un se place sous bois; que
l'autre, tout en chassant et tirant quand l'occasion

s'en présente, s'avance doucement par l'extrémité opposée : le tireur posté, s'il reste immobile, verra les tourdes, fuyant l'approche du rabatteur, venir se poser souvent sur l'arbre même derrière lequel il se sera retranché.

A l'époque des raisins, et jusqu'à la fin d'octobre, le tourde est un manger délicieux ; il est gras, dodu, juteux, mais ses plumes délicates, sa peau fine, demandent à ne pas être brisées, mutilées, lacérées par le gros plomb ; un tourde coupé par le coup de feu n'est bon qu'à donner au furet, ou à être jeté, ce qui est grand dommage, tandis qu'avec le fin plomb n° 10 ou n° 11 vous le conservez intact, sa peau ne se déchire plus quand on le plume ; il est enfin digne de figurer sur un lit doré, de fines tranches de pain, qu'il arrose lui-même, et qui vaut presque la rôtie de la bécasse, mets par excellence du vrai gourmet.

La litorne et le mauvis, au contraire de la draine et du tourde, ne se rencontrent qu'en bandes aussi nombreuses que celles des étourneaux à la chair sèche et amère. Ces oiseaux fréquentent les pays boisés, surtout ceux où les baies du lierre, des aubépines, des genévriers, abondent. En Lorraine, dans le Jura, la Bourgogne, la Sologne, le Languedoc, j'en ai rencontré par bandes immenses. Les paysans du Midi appellent la litorne *Jaquassas*, par suite de leur habitude de babiller toutes ensemble dès qu'elles sont rassemblées sur les arbres.

Le mauvis s'appelle aussi grive dorée ou orangée, à cause des plumes jaunes-rouges qui couvrent le dessous de ses ailes.

Au bois, dans les champs ou les vignes, pendant le jour, ces grives se divisent en petites bandes que l'on peut approcher en usant de quelques précautions ; mais au premier coup de fusil toutes se réunissent, tourbillonnent en montant dans les airs, et vont s'abattre sur un arbre isolé, sur lequel elles demeurent parfois des heures entières.

Un peu avant le coucher du soleil, elles gagnent les bois, les parcs, où elles passent la nuit. Remarquez bien l'arbre qu'elles ont choisi, elles s'y trouvent aussi nombreuses que les feuilles mêmes. Quand le soleil a disparu, que la nuit tend à remplacer le crépuscule, tâchez de retrouver l'arbre, approchez-vous prudemment ; si vous marchez légèrement, vous arriverez jusqu'au pied sans avoir éveillé le moindre soupçon, la moindre crainte. Tirez le premier coup en visant sur la partie qui vous paraîtra la plus habitée ; puis, tout de suite, tirez le second au jugé, un peu au-dessus : peut-être vous arrivera-t-il ce qui m'est advenu dans le parc du château de *Jacou*.

Un peu avant le coucher du soleil, j'arrangeais, sur les bords d'une grande pièce d'eau, les lignes de fond destinées à prendre pendant la nuit quelques-unes des magnifiques carpes aux écailles d'or et de bronze florentin qui y habitaient. J'étais tout à ma besogne, et elle n'était pas peu de chose, car

j'avais à garnir, seul, près de cent hameçons. Plus
des deux tiers était fait, quand j'entendis un grand
bruit d'ailes ; une espèce de nuage se refléta dans les
eaux : c'était un vol de grives qui n'en finissait plus.
Je continuai mon travail, mais quelques minutes
après le même bruit se fit de nouveau entendre :
le vol s'était sensiblement abaissé, puis se mit à
décrire des courbes concentriques, à s'allonger,
former un large demi-cercle ; la tête de colonne
plongea rapidement, le demi-cercle prit la forme
d'un long serpent, et tout disparut derrière un ri-
deau d'immenses cyprès centenaires qui me cachait
la vue d'un grand bois de pins qui terminait le
parc ; les grives allaient bien certainement y coucher.

Quittant lignes et hameçons, je pris la grande
avenue de cyprès dont le feuillage noir, uni comme
une muraille, me permettait de marcher sans crainte
d'être aperçu. Arrivé à peu près en face du bois de
pins, je mis ventre à terre, et me coulai prudemm-
ment entre deux troncs de cyprès. Sur le pin le plus
élevé, à une centaine de mètres en aval, et à portée de l'allée où je me trouvais, toute la bande
était rassemblée, caquetant, voletant pour s'établir
confortablement.

Je revins à mes lignes, les plaçai dans l'eau,
puis rentrai au château, où, sans rien dire à personne, j'allai prendre mon fusil, et retournai dans
le parc en prenant un chemin tout opposé à celui

que je devais suivre, et cela par un motif que tout chasseur comprendra, l'ardent désir de faire, seul ! un beau coup de fusil.

La nuit arrivait à grands pas, je fis comme elle et eus bientôt retrouvé le point où je m'étais arrêté pour examiner les lieux. J'avançai avec précaution, évitant les branches sèches, les endroits où les arbres n'offraient plus un abri assuré ; encore quelques pas, et je me trouvai juste à la hauteur du grand pin. En passant doucement la tête entre deux arbres, je pus me convaincre que les grives n'avaient point changé de place ; les branches, jusqu'à la cime, en étaient couvertes. Sans plus tarder. j'épaulai et fis feu coup sur coup ; les grives s'envolèrent en désordre, mais « *de morts et de mourants la terre était jonchée.* » Je ramassai et cherchai, cherchai et ramassai, jusqu'à ce que la nuit vint y apporter l'impossibilité ; je rapportai vingt-deux grives, et le lendemain matin j'en retrouvai une dizaine de mortes, et des blessées jusque dans le jardin anglais, situé assez loin du théâtre de cet exploit.

L'Alouette. — Octobre arrive, et avec lui les rosées si abondantes, qu'il faut ne se mettre en chasse qu'à une heure assez avancée ; les cailles sont parties ; les perdreaux, devenus rares et effarouchés, s'envolent de loin ; cependant le plaisir de tirer de nombreux coups de fusil fait oublier au chasseur qu'il ne peut encore entrer sous bois, ou dans les champs de verdure, sans avoir de l'eau jusqu'au genou. Les terres labourées, les chaumes, sont peuplés d'oiseaux charmants, au plumage simple, à la démarche gracieuse, et dont la chair délicate mérite tous les honneurs de la broche : les alouettes sont arrivées !

C'est le moment de les tirer au CUL LEVÉ, et le Nemrod le plus déterminé ne doit point jeter un regard de mépris sur le chasseur qui sait proprement décrocher une alouette qui part en rasant le sol, car à cet exercice on se fait la main et le coup d'œil, on prélude à de plus grands exploits : cela ne vaut-il pas mieux que de rester au logis sans rien faire ?

Aux premières gelées blanches, quand le temps est calme, que le soleil brille d'un pur éclat, c'est le moment de chasser au miroir. Avant cette époque, les alouettes ne donnent pas bien ; mais dès lors, aux premiers scintillements des morceaux de glace, on les voit arriver de tous les points de l'horizon ; elles tombent des nues, tournent, remontent, plongent, planent autour et au-dessus de l'instrument de perfide attraction. Leur curiosité est si puissante, qu'il arrive fréquemment de pouvoir tirer trois ou quatre coups de fusil sur la même alouette avant qu'elle s'enfuie, pour revenir parfois au bout de quelques secondes. Le moment le plus favorable pour placer le miroir est un peu après le lever du soleil jusqu'à dix heures. Si le vent souffle fortement, ou que l'atmosphère se couvre de nuages, il faut rentrer à la maison ; on ne fait plus rien qui vaille.

Tous les chasseurs ont remarqué combien est grande la différence d'attraction d'un miroir à rotation continue et dans le même sens : le premier est mis en mouvement par une ficelle, le second par un engrenage de tournebroche, se montant à la clef. Que deux tireurs se placent dans le même champ, dans les mêmes conditions, l'avantage restera certainement à celui qui aura le miroir intermittent et à ficelle : c'est un fait constaté ; mais pour en trouver la raison, ce serait aussi difficile que de rechercher les causes qui attirent les alouettes pendant un certain laps de temps, à une époque fixe, et les laissent indifférentes aux séductions les plus brillantes dès que le mois de décembre est arrivé.

Les quatre points cardinaux de la France sont visités par les grands vols de ces oiseaux migrateurs, qui s'établissent pendant tout l'hiver dans les grandes plaines, où domine la culture des céréales ; il n'y a donc nul endroit à désigner d'une manière spéciale ; cependant il reste une importante recommandation à faire : c'est de se servir pour cette chasse des plus petits numéros de plomb.

TROIS JOURS AU LAC NOIR

Si l'on réunissait, sur deux points désignés d'avance et d'après les études d'ingénieurs compétents, toutes les sources thermales du versant nord des Pyrénées, on arriverait sans peine à faire du Roussillon d'une part, et du haut Languedoc de l'autre, deux lacs qui rivaliseraient, en étendue, avec les mers intérieures qu'on appelle les grands lacs du nouveau monde. Seulement ce projet grandiose trouverait peut-être des détracteurs, soulèverait une assez vive opposition : on objecterait qu'il est plus utile d'avoir de belles plaines où l'on récolte du vin délicieux, du pur froment, des olives et du maïs, que des lacs d'eau sulfureuse, sentant fort mauvais, où le poisson ne pourrait se montrer que bouilli, et qui changeraient les pures émanations des orangers et des fleurs en senteurs infectes comme celles d'une immense solfatare. Ces raisons sont assez spécieuses ; mais grâce aux progrès de l'art de la pisciculture, on pourrait habituer peu à peu le poisson à résister à la cuisson, ce qui aurait son charme quand on désirerait l'avoir

bien frais, et les gaz sulfureux et autres sont reconnus par tous les savants et les médecins comme un
remède désagréable, mais puissant.

Dans tous les cas, si jamais on se décide, je réclame la priorité de l'idée.

A quelques lieues de la frontière espagnole, sur
l'un des plateaux cultivés des Pyrénées orientales,
qui dominent les riches plaines, les vignobles du
Roussillon, le sublime Canigou, et d'où la vue s'é-
tend sur la Méditerranée, un modeste village de six
ou sept cents âmes ne doit sa vie, son existence, qu'au
voisinage d'une source thermale : le village s'appelle
Molitg, l'établissement des bains, Llupia; l'un et
l'autre sont mortellement ennuyeux au dire de quelques-uns : je partage cette opinion quant au village,
mais je réclame quant à l'établissement, situé à un
kilomètre et au plus profond d'un profond entonnoir
aux rampes abruptes et presque perpendiculaires.

Il y a quelques années, une simple piscine en
pierres grossières recevait les eaux de la source principale ; chacun y barbotait en commun, c'était peu
propre, et, aussitôt après l'immersion, on se hâtait de
regrimper jusqu'à Molitg, seul endroit habitable. Le
déplacement offrait de véritables dangers pour les
baigneuses qui, juchées sur le dos d'un âne, ris-
quaient à chaque pas de voir se déplacer leur centre
de gravité : la vie s'en ressentait, les relations étaient
tristes, solennelles, casanières ; le danger quotidien
influait sur le moral ; c'était en vain qu'une fois par
semaine, les *baïles*, danses catalanes dont j'ai parlé

dans mes chasses à l'isard, appelaient les danseurs au son pittoresque du *jougla;* la grande salle de la maison Mestre avait beau être éclairée par quatre chandelles ; la cornemuse (*bout*) et les hautbois, le flageolet à trois trous et le gai tambourin ne faisaient sauter, pirouetter dans les airs que les gens du pays ; on essaya d'un violon et d'un cornet à pistons : rien n'y fit ; baigneuses et baigneurs continuèrent à s'ennuyer aussi franchement qu'on peut le faire à une réception académique ou à un bal masqué, quand on n'a plus vingt ans.

Heureusement, le propriétaire de la source comprit qu'il ne suffisait pas d'offrir au public les agréments d'un bain équivoque, et qu'il fallait, sous peine de voir sa poule aux œufs d'or mourir de la pépie, marcher avec le progrès et les besoins du confort et de la distraction. Dès lors la piscine fut consacrée aux bains gratis des pauvres ; une source nouvellement trouvée eut les honneurs de baignoires de marbre blanc, avec robinets en col de cygne ; une première maison, puis une seconde, puis une troisième et une quatrième, offrirent leurs toits hospitaliers, leurs tables d'hôtes et leurs cloisons en sapin blanc, aux baigneurs attirés par les admirables effets thérapeutiques de ces eaux sulfureuses, qui prirent le nom de *Bains des délices*, vu leurs propriétés savonneuses, assouplissantes, dulcifiantes, qui d'un porc-épic pourraient faire un soyeux chinchilla.

Un brave Languedocien, accompagné de sa femme, était arrivé depuis quelque temps, et chaque jour, dès huit heures du matin, en sentinelle devant le cabinet n° 3, où se baignait sa compagne, il attendait sa sortie avec impatience, s'élançait au-devant d'elle, lui baisait le front, prenait ses mains, les tapotait, les serrait en poussant des exclamations de joie et d'admiration, puis, radieux, lui offrait son bras et rentrait au logis triomphalement. Chacun de nous le croyait amoureux fou, d'autant plus vraisemblablement que madame était fort jolie, et bien des femmes le citaient si souvent comme le modèle des époux, que les hommes commençaient à le prendre en grippe.

Les cloisons, en simples planches recouvertes de papier peint, n'empêchaient nullement d'entendre ce qui se passait chez les voisins, et ceux de notre Languedocien n'avaient rien de plus pressé que d'écouter et de nous rapporter joyeusemeut tout ce qu'ils avaient appris, ce qui, je dois le dire, se bornait à fort peu de chose.

Un jour, à table, on parlait des propriétés des eaux et de l'effet des bains :

— C'est vrai, ça ! qu'elles sont bonnes ! s'écria le modèle cité ; tenez, vous voyez madame ? eh bien ! elle avait la peau en chair de poule, une vraie râpe, tout Béziers vous le dira ; à présent, c'est du velours, du pur velours !

Les promenades sont devenues faciles : une route superbe, ouverte dans les flancs de la montagne, conduit à Prades, Illes, Perpignan, ou au Vernet, à Villefranche ou à Olette.

Des sentiers, serpentant au milieu de bois taillis,

permettent d'arriver sans se rompre le cou jusqu'aux ruines du château de Paracols, antique habitation d'un sire de Lara, jaloux comme vingt tigres du Bengale, et qui, dit-on, laissa mourir de faim sa jeune femme qui, pendant son absence, avait eu le tort d'essayer, une seule petite fois, de faire comme la dame de Framboisy.

Il y aurait de profondes réflexions à faire sur le pour et le contre des circonstances atténuantes actuelles, mais passons.

Sur le penchant des montagnes, il y a des lièvres, des perdrix rouges ; sur les plateaux, des cailles en abondance, et aux époques de passage, des râles de genêts, des palombes, des grives et des merles au long des ruisseaux encaissés et couverts de buissons. Le chasseur peut bien employer sa journée sans s'éloigner, en se fatiguant un peu, cela est vrai, mais il se reposera en trouvant, au retour, la franche gaieté, les rapports intimes et sans façons qui s'établissent si vite partout où il y a des Espagnols. Ils ont pris Molitg en affection ; ce sont eux qui l'ont sauvé, en y tuant le spleen.

Tous les ans, leur arrivée est attendue avec impatience : Barcelone, Figuieras, Puycerda, Pampelune, Valence, envoient leur contingent, et je me souviendrai toujours des heures qui s'écoulaient si rapidement entre deux éclats de rire, quand réunis après la promenade du soir, la musique succédait aux jeux innocents, la danse aux gages touchés. Et que l'on ne médise pas des jeux innocents, ils sont souvent fort divertissants, et bien des personnes qui devaient, par leur position, rester graves et sérieuses, se laissaient atteindre par la contagion de la gaieté. Un chanoine espagnol, don Gregorio, avait pris à passion le jeu du furet; un conseiller à la Cour impériale, celui de la main chaude. Pour jouer au premier, tout le monde s'asseyait par terre, en rond, et le chanoine, debout au milieu du cercle, cherchait avec une ardeur toute juvénile à s'emparer de la bague glissant sur une ficelle. Quand venait le tour de la main chaude, le conseiller réclamait le rôle de victime et choisissait pour cacher sa tête le giron de la plus jolie joueuse; il avait en outre une manie, un goût prononcé, celui des aventures et des voyages, et lui, qui toute sa vie avait dû juger, siéger sur un fauteuil de cuir vert à clous dorés, ne rêvait qu'au bonheur des Robinson et des Selkirk, connaissait Cooper, Mayne Reed, Gabriel Ferry, et soupirait en pensant aux exploits de Bas-de-cuir.

Pauvre Massil, ses qualités physiques, suffisantes pour un conseiller, ne répondaient point à ses goûts de coureur des bois : il était maladroit comme un polype, lourd comme un potiron, poltron comme un lièvre, mais gai et bon compagnon.

Depuis longtemps j'avais formé le projet d'aller dans la grande montagne chasser les écureuils et pêcher les truites : j'en dis un mot, et Massil, prenant feu aussitôt, me supplia de ne pas partir seul, de le laisser organiser un déplacement à la manière des trappeurs; il ne demandait que huit jours pour être prêt; je les lui promis, et il fut convenu que nous irions camper pendant trois jours sur les bords du lac Noir.

Comme il était impossible de se procurer des peaux de bison, Molitg ne nourrissant pas de ces ruminants, et que cependant Massil tenait énormément à loger sous la tente, il dut se contenter d'en faire établir une avec quatre draps de lit en forte toile, il y fit percer des œillets pour passer les cordes, préparer des piquets pour planter en terre, et tandis que ses ordres s'exécutaient, il disparut sans dire gare, fut absent pendant trois grands jours et revint pendant le déjeuner dans un équipage des plus pittoresques : un long fusil à un coup passé en bandoulière, une cartouchière portant une hache et une petite scie, un bâton de six pieds à la main, une casquette en peau de renard, des guêtres en cuir et une culotte de peau jaune, lui donnaient un aspect si étrange qu'à son cri de : « Hurrah ! forward ! » répondit un immense éclat de rire ; il salua en agitant sa casquette ; une grande et grosse queue de renard était cousue par derrière, et se balançait majestueusement.

— Hein ! dit-il, comme cela joue bien un bonnet en peau de *racoon !*

— C'est superbe, cher ami, je vais allumer le calumet et nous allons procéder à la cérémonie du tatouage ; déposez d'abord votre grand bâton, et...

— Un bâton, cela ! mais c'est une sarbacane de la rivière Rouge, voyez plutôt.

Et sortant prestement de sa poche une boulette en

terre durcie, il avise un pierrot sur un arbre, l'ajuste, souffle, manque le moineau, mais un cliquetis crépitant nous annonce que la boulette a atteint au beau milieu l'une des vitres de la maison voisine.

— Tirez-vous avec l'escopette aussi bien qu'avec cet instrument? lui dit en riant don Gregorio.

— Tout aussi facilement.

— Alors, comme chapelain, je sais ce qui me reste à faire.

— Vous bénirez mes armes? bravo !

— Non pas, mais je m'arrangerai de façon à ne pas réciter l'oraison *Pro defunctis.*

Ce qui valait mieux que la sarbacane et la *longue carabine*, comme il appelait son fusil à un coup, c'était un grand filet, deux tridents, un assortiment de lignes volantes et de lignes de fond, une marmite en fonte, deux poêles et un gril, de longs clous, une grande scie, une hache, des cordes, qu'il avait fait charger sur un mulet.

— Où diable avez-vous eu cela, et qu'en voulez-vous faire ?

— D'abord, les armes à feu et à vent, je les ai achetées à Perpignan; les filets et autres engins, à Port-Vendres, d'où j'arrive. J'aurais fort désiré faire une pacotille de verroteries, petits miroirs, petits couteaux, pour pouvoir faire des échanges avec les naturels, mais j'y ai renoncé forcément, je n'avais plus le sou.

— Mais les poêles, la marmite, les clous et tout le bataclan?

— *Bataclan* me paraît hasardé ; ne faut-il pas manger au désert ? Et pour manger, il faut encore deux choses, le contenant et le contenu. La marmite servira de foyer placé à l'avant du radeau que nous construirons avec la hache, la scie, les clous, les cordes : puis nous voguerons sur le lac et pêcherons au feu, comme de vrais trappeurs.

L'idée était bonne. Grâce à l'entrain et au plaisir que nous nous promettions, notre déplacement prit momentanément les proportions d'une véritable émigration ; chacun se disait chasseur, pêcheur, excellent cuisinier. Cependant, comme nous ne pouvions pas être par trop nombreux, il fut décidé que nous n'admettrions que les personnes logées dans notre hôtel ; la tente ne pouvait servir d'abri qu'à cinq ou six, et la perspective de passer plusieurs nuits à la belle étoile refroidit singulièrement l'ardeur des moins valides. Le soir, à la veillée, six noms seulement furent inscrits, les autres avaient renoncé.

Don Gregorio, don Pablo de Zana, jeune ingénieur, représentaient la partie scientifique, l'un comme botaniste et aumônier, l'autre comme géologue, constructeur naval, directeur des travaux, tous deux chargés en outre des fonctions culinaires ; MM. Massil, Roche, Didier et moi formions la section militante et devions prêter notre concours à première réquisition. Deux paysans sachant manier la hache furent adjoints à l'expédition et placés sous les ordres immédiats de don Pablo.

Pendant ce temps, les dames s'étaient groupées,

réunies en congrès, et agitaient certainement une grave question, car il y avait grande animation et de fréquents éclats de rire. Les hommes, sauf don Gregorio, ne furent point admis aux délibérations, et, chose prodigieuse, rien ne transpira de leurs décisions.

Le reste de la journée fut consacré aux derniers préparatifs ; l'activité de Massil lui avait permis de devancer de quatre jours le terme qu'il avait fixé lui-même ; nous devions partir à deux heures du matin, de façon à ne pas perdre de temps pour l'installation de notre campement.

Il ne fut point question de se coucher, personne n'y songeait ; et l'heure du départ approchait que nous étions encore tous réunis au salon. Massil, radieux, triomphant, surveillait le chargement des mulets, entrait, sortait, courait, gourmandait l'un, aidait l'autre : il était partout, et les dames eurent une peine infinie à lui faire prendre une tasse de chocolat.

— Du chocolat à des chasseurs ! s'écria-t-il ; donnez-moi une tranche de bosse de bison, une langue de buffle, un morceau de tajado, à la bonne heure ; nous allons au désert, dans les montagnes Rocheuses !

— Mais en attendant qu'on vous attache au poteau de torture, ou qu'on vous scalpe, prenez toujours une tasse de chocolat.

Il s'y décida par galanterie, l'avala en se brûlant, et fit une fois ou deux le tour du salon, en furetant sur et sous tous les meubles :

— Où diable est donc passée ma peau de racoon ?

il me semble que je l'avais placée sur le piano.

— Mais non, vous êtes entré tête nue.

— Alors, je l'aurai laissée avec mes armes, je vais voir.

Un instant après, il revient les bras en l'air :

— En voilà bien d'une autre, plus rien ! plus rien ! je suis dévalisé, j'ai tout perdu, les Peaux-Rouges ont tout enlevé !

Il allait s'arracher quelques cheveux, lorsqu'à la porte apparut don Gregorio tenant un flambeau de chaque main et précédant sa nièce, dona Isabel, la sœur de don Pablo de Zana et deux autres jeunes filles : la première portait sur un coussin la casquette en peau de renard, mais transformée, ornée mirifiquement de plumes, de rubans ; à la queue de petits miroirs d'un sou, et, pareil à un météore, un bouchon de carafe en cristal se balançait à son extrémité. Mlle de Zana tenait la ceinture, la poire à poudre et les sacs à plomb ; les deux autres la longue carabine et la sarbacane, le tout empanaché, enrubanné, fleuri à profusion.

A cette vue, Massil porte une main sur sa poitrine, l'autre à ses yeux éblouis, se laisse coiffer majestueusement, ceindre les reins par la main des Grâces, puis saisissant ses armes :

— Hurrah pour les dames ! quel malheur que mon président et toute la Cour ne puissent assister à pareil triomphe ! Je jure de faire bon usage de ces instruments de mort.

— *Si Dios lo permite,* ajouta don Gregorio.

Deux heures et demie venaient de sonner ; les mulets étaient chargés, et, malgré les protestations du brave conseiller, nous avions fait ajouter bon nombre de couvertures de laine, indispensables pour combattre la fraîcheur des nuits dans les hautes régions. Don Gregorio enfourcha un solide petit cheval du pays, don Pablo, Massil, Roche, Didier et moi devions faire la route à pied, et la caravane se mit en marche au milieu des *adios*, au revoir, *hasta luego*, des femmes charmantes que nous laissions, trop peu émues, disait Massil, des dangers que nous allions affronter.

La matinée était fraîche, mais calme et pure ; la lune disparaissant à l'horizon permettait de distinguer les objets qui, noyés dans la demi-teinte, semblaient éclairés par la douce lueur d'une lampe d'albâtre. Nous montions allègrement les rampes sinueuses serpentant au travers des jardins qui avoisinent le village de Molitg : tout était silence et repos dans ses rues solitaires, les coqs seuls, vigilants *serenos*, chantaient l'heure matinale, et le bruit de nos pas résonnait en cadence sur les cailloux pointus. Une demi-heure après nous arrivions au joli village de Mosset, dernière étape de la civilisation. L'industrie parlait haut et fort par la voix des lourds marteaux des forges à la catalane établies sur les bords de la petite rivière ; celle-ci coulait en gazouillant sous le pont de bois que nous traversâmes avant de nous engager dans les grandes montagnes.

La route que nous avions suivie jusque-là se divisait en mille sentiers capricieux, dont les uns plongeaient au fond des ravins, les autres sillonnaient le flanc des rampes cultivées : le plus abrupt nous conduisit au milieu d'une forêt de pins couronnant les premiers contre-forts des hautes cimes du Mont-Louis. Longtemps nous marchâmes dans une obscurité presque complète et pourtant l'aube s'avançait à grands pas. La brise qui précède l'aurore faisait frissonner les fines brindilles des arbres dont les aiguilles desséchées couvraient le sol, cachaient les racines enchevêtrées et amortissaient jusqu'au bruit de notre passage. Le pivert faisait entendre son cri sonore et métallique, tandis que la mésange, le bouvreuil, le roitelet huppé, à la tête d'or, s'éveillaient et secouaient à notre approche leurs plumes élégantes.

Au sortir de la forêt, de longues lignes de pourpre s'étendaient à l'horizon ; des nuages aux franges dorées annonçaient l'approche de l'astre brillant ; une large vallée s'ouvrait sur notre gauche, et au loin permettait de distinguer la route d'Olette, qui se détachait comme un ruban de lin sur le vert des champs de maïs et les fraîches prairies. Nous avions fait la moitié du chemin, mais le plus rude restait à parcourir.

Depuis longtemps déjà Massil gardait le silence, changeait son fusil de position, passait sa sarbacane alternativement de la main gauche à la main droite, desserrait la boucle de sa ceinture, et essuyait son front ruisselant sous la trop chaude enveloppe qui le recouvrait ; aux premiers rayons du soleil, il s'arrêta :

— Messieurs, saluons Phœbus, dit-il en tenant sa casquette sous son bras ; les mulets sont éreintés.

Par respect pour la loi Grammont, laissons-les se reposer un instant.

— *Y el consejero tambien.*

— Moi, don Gregorio, allons donc ! je suis leste comme un saumon.

— De plomb, murmurai-je.

— Ah ! mon cher Louis, ça n'est pas gentil : vous devez savoir que l'air du désert surprend toujours un peu ; mais buvons aux esprits des monts, et chargeons nos rifles pour nous procurer la venaison nécessaire à notre première *comida*, lorsque nous ferons chaudière devant notre wigwam.

Quelques minutes après, nous nous remettions en marche, gravissant des pentes difficiles et ravinées par les orages ; contournant des rochers qui semblaient vouloir nous opposer une barrière infranchissable ; n'ayant pour nous guider que l'échancrure d'une haute montagne au delà de laquelle se trouvait le lac Noir.

Nos chiens quêtaient, allaient, trottaient, interrogeaient le vent ; mais la venaison ne se présentait nullement. Tout à coup, Massil me saisit le bras, fait un geste pour imposer silence. La caravane s'arrête, et il me montre, au centre d'un petit tertre verdoyant, quelques oiseaux noirs qui s'y promenaient gravement.

— Chut ! des dindons sauvages ! beaux gallinacés, ils courent vite, volent mal, mais sont excellents, rôtis.

— C'est vrai pour les dindons, mais pas pour les corneilles.

— C'est égal, je vais essayer de les approcher à portée de rifle, et nous verrons bien.

Avec des précautions infinies, il atteint une grosse pierre derrière laquelle il se glisse, puis ajuste ; mais la capsule claque comme un coup de fouet, la longue carabine a raté, les corneilles s'envolent, et don Gregorio rit aux larmes. Massil épingle la cheminée, souffle, tape le bois de la crosse, met quelques grains de sa poudre, une capsule neuve, et revient vers nous le fusil sur l'épaule.

— Eh bien ! et ces dindons ?

— Ah bah ! ils étaient trop petits, et puis mon rifle est trop neuf.

En causant et riant, nous atteignîmes, après une rude montée, le col d'où l'on embrassait un ensemble si imposant, que ceux qui parmi nous le voyaient pour la première fois s'arrêtèrent frappés d'admiration.

Au pied d'une pente rapide et gazonnée, entrecoupée de blocs de rochers et de larges touffes de rhododendrons en fleur, se dressaient comme des légions de fantômes, drapés dans leurs blancs suaires, des milliers de pins immenses, morts depuis des siècles. Les tempêtes, les neiges, les tourmentes, la foudre, avaient brisé, déchiré, rompu, enlevé et dispersé au loin leurs têtes et leurs couronnes jadis puissantes, l'écorce épaisse, source vivifiante, pour ne laisser debout que des squelettes décharnés, blanchis, tordant leurs bras, contournant leurs membres mutilés, comme s'ils eussent été surpris par la mort dans une dernière convulsion, ou au milieu d'une ronde infernale tourbillonnant sur les rives du lac, dont les eaux sombres s'étendent muettes et inanimées au sein même de cette forêt fantastique. Ici un géant couché, à moitié enseveli dans une tombe verdoyante, couvre un large espace de son tronc aussi blanc que l'ivoire ; là se dresse une colonne encore aussi solide sur sa base et non moins immaculée que le marbre grec, mais dont la cime, brisée sous le souffle de l'ouragan, paraît hérissée de pointes aiguës, comme un faisceau de lances macédoniennes. D'autres dorment sous les eaux, au milieu des verts roseaux et des plantes aquatiques, ou se penchent, s'inclinent ; mais rigides sous le doigt de la mort, ils ne peuvent plus se balancer mollement aux soupirs de la brise ; ils peuvent résister, mais ne savent plus plier : s'ils tombent, c'est pour toujours.

La nature a ses secrets, ses mystères : à côté des ruines, de la destruction, elle fait régner la vie, rayonner l'avenir. Une forêt verdoyante, vigoureuse, pleine de séve, ondoie et chante au seuil du champ des morts, couvrant un long espace et venant en partie s'abriter sous l'égide de trois pics dénudés, dont les hautes crêtes, les flancs de granit lavés par les hivers, ont laissé s'échapper leurs terres fécondes pour revêtir des teintes dignes du pinceau de Salvator Rosa.

Après avoir longuement contemplé cet ensemble plein de grandeur, nous descendîmes vers le lac et nous nous mîmes en quête d'un endroit favorable à l'établissement de notre camp. Nous choisîmes un terrain sec et uni, abrité par un large rocher, et où trois grands pins morts, espacés régulièrement, donnaient toute facilité pour dresser la tente d'une solide façon. Les mulets furent déchargés, et l'installation commença avec une ardeur, un entrain sans confusion ; car chacun, d'après les ordres de notre ingénieur, avait son travail spécial : don Pablo et les deux paysans étendaient la toile, l'attachaient au rocher par derrière, à deux arbres sur les côtés, fixant le bas au moyen des piquets, et réservant sur le devant une libre partie qui devait se relever ou tomber à volonté. Don Gregorio, en sa qualité de botaniste, coupait des branches minces et flexibles, garnies de toutes leurs feuilles, des herbes sèches, des mousses d'Espagne, longues et souples, pour étendre sur le sol et servir de matelas. Massil et Roche s'étaient emparés de la batterie de cuisine, des provisions, plaçaient près de la tente les tonnelets de vin, sur des cales en bois, de façon à pouvoir les mettre en perce sans les déranger, puis s'occupaient de la construction du foyer. Pendant que Roche apportait des pierres plates, Massil se mit à chercher de la terre glaise. Didier et moi, chargés de l'arrangement des armes et des engins, plantions des fiches pour suspendre aux pins les fusils et les sacs, puis étendions le filet en l'accrochant à des arbres aux troncs desquels, à égale hauteur, des clous à tête permettaient de l'enlever ou de le replacer afin de le faire sécher quand il aurait servi.

Nous étions affairés comme des fourmis au mois d'août, lorsqu'un immense éclat de rire suspendit tous les travaux. Massil apparaissait portant une énorme motte de terre glaise : sa figure, son buste, ses jambes avaient une couche et une couleur si parfaitement uniformes, qu'il ressemblait à l'une de ces statues qu'ébauchent les sculpteurs, ou plutôt à ces bonshommes ridicules qui grimacent derrière les vitrines de Susse ou dans la galerie d'Orléans.

— Riez, riez, j'apporte ce que je voulais ; mais, sapristi, je l'ai échappé belle !

— Est-ce que vous auriez été attaqué par les Comanches ou les Apaches ?

— Non, mais j'ai failli me noyer. Je suivais les bords du lac, lorsqu'arrivé là-bas, où vous voyez ce rocher couvert de mousse, j'avise une truite superbe, tranquillement établie à fleur d'eau et prenant le soleil. J'avance doucement pour essayer de lui gratter le ventre, manière de prendre le poisson qui m'a été fort recommandée, lorsque mes deux pieds glissent à la fois ; j'entraîne branches mortes, gazon, mousse et terre végétale : l'instinct de la conservation s'éveille en moi, je suis leste, vous le savez...

— *Como un salmon.*

— Oui, c'est vrai. Je me retourne vivement sur l'abdomen, saisis au passage une pointe de rocher et m'y cramponne, m'arrêtant juste au moment où j'allais disparaître peut-être pour jamais... Appeler au secours eût été indigne d'un trappeur, qui doit savoir se tirer sain et sauf des plus mauvais pas, je l'ai toujours lu. Alors des pieds, des genoux, des coudes, des mains...

— Et du nez aussi, ajouta Didier.

— Je parviens à me hisser jusqu'en terre ferme : bonheur inouï qui n'est arrivé qu'à Robinson ! sous les détritus apparaît une couche d'argile ; je n'avais plus qu'à me baisser et à en prendre ; j'en ai pris, me voilà...

— Et vous êtes propre, vous pouvez vous en flatter.

— Cela m'est égal : mais l'émotion a été forte ; je meurs de faim : si nous déjeunions ?

— Déjeunons ; mais vous, cher ami, que mangerez-vous ? il n'y a pas de venaison.

— Ah bah ! je ferai comme tous les autres ; nous aurons recours aux cantines que j'ai rangées là, à côté des barils ; une fois n'est pas coutume.

Du jambon, un gigot froid firent le fond de notre premier repas, dont la gaieté fit les plus grands frais ; les morceaux furent expédiés en double, et, vingt minutes après, nous reprenions nos travaux, souvent interrompus par la contemplation des beautés sans pareilles de la nature qui nous environnait, ou par les plaisanteries qui se croisaient comme les fusées d'un feu d'artifice.

A midi, tout était en place, paré, rangé : un feu énorme flambait dans le foyer construit par le conseiller trappeur ; la tente s'élevait blanche et coquette ; les couvertures étendues sur la couche rustique, préparée par don Gregorio, nous promettaient un sommeil réparateur de nos fatigues de la journée.

Le chanoine se promenait gravement sous les arbres verts, en lisant son bréviaire ; don Pablo était déjà en marche avec les deux paysans, pour chercher les arbres nécessaires à la construction du radeau ; Roche et Didier prenaient leurs fusils dans l'intention de chasser les perdrix sur la montagne, les écureuils dans les bois, tandis que je préparais des lignes volantes pour Massil et moi, qui devions fournir la marée.

Quelques instants après, le campement était désert, et nous nous acheminions vers les eaux calmes et tranquilles.

Le lac présente des phénomènes, des mystères difficiles à comprendre, plus difficiles à expliquer. Situé à quinze ou seize cents mètres au-dessus du niveau de la mer, il n'est dominé que par des pics relativement peu élevés, arides, rocheux de leur base à leur cime, et ne présentant aucun des caractères géologiques qui indiquent la présence d'une nappe ou d'un réservoir d'eaux souterraines : nul ruisseau ne coule à leurs pieds, nul bouillonnement à la surface du lac n'indique une source quelconque, et cependant le niveau est toujours le même ; à peine s'élève-t-il de quelques centimètres après les plus grandes pluies, quoiqu'il soit impossible de découvrir l'endroit par où le trop-plein peut s'écouler. Il existe nécessairement, puisqu'une feuille d'arbre, un morceau de bois léger, jetés sur l'eau, dérivent lentement, c'est vrai, mais éprouvent néanmoins un mouvement de marche vers la partie sud-est, où des roches entassées, amoncelées jusque sous les eaux, doivent cacher le déversoir qui ne se trahit aux environs par aucune marque extérieure. Cela peut expliquer du moins l'origine d'un petit cours d'eau qui sort de terre dans la gorge qui conduit à Olette, à une distance de plus de trois kilomètres et à quatre ou cinq cents mètres au-dessous de la hauteur où le lac est situé.

Dans de telles conditions, comment justifier la présence des truites innombrables, des barbeaux qui peuplent ce lac enchanté ?

Je cherchais une raison plausible, lorsque Massil, interrompant une superbe explication, me dit sérieusement, en ôtant son bonnet fourré à la queue duquel brillaient comme des escarboucles les petits miroirs et le bouchon de cristal :

— Mon père, le Visage-Pâle, ne trouvera rien de bon ; le Manitou lui a refusé la science : que son cœur soit content ! Les squaws sont bavardes, et mon père est un guerrier renommé : j'ai dit.

— Mon frère, la Queue-Brillante, a bien parlé ; son sang est rouge, mais sa langue est fourchue ; mon frère est jaloux, il ne connaît pas les secrets de la grande médecine : j'ai dit.

— Et vous êtes vexé, mon bonhomme : ah ! je ne connais pas la grande médecine ! eh bien ! je vais vous montrer si je sais prendre des truites : nous allons nous séparer ; vous irez par la gauche, moi par la droite, et nous verrons.

Cet arrangement m'allait parfaitement ; j'avais le côté de l'ombre, et le silence, une marche prudente, étaient indispensables. Bientôt nous fûmes assez éloignés l'un de l'autre pour commencer la pêche.

Tous les traités, manuels, *vade-mecum* et autres, qui parlent de la ligne volante, insistent avec raison sur le choix que l'on doit faire des mouches artificielles et de la préférence que l'on doit donner à celles qui ne se déforment pas au contact réitéré de l'eau.

Je dirai modestement que j'en ai inventé une qui remplit parfaitement toutes les conditions voulues et qu'une longue expérience me permet de donner comme bonne.

La plume se mouille facilement, se colle autour de l'hameçon, et d'un papillon artistement arrangé, brillant de vie tant qu'il est en portefeuille, fait, à l'usage, une atroce chenille, sans forme et surtout sans attraits pour le poisson délicat. Si l'on remplace la plume par le crin, l'inconvénient devient autre, mais n'en est pas moins réel : la mouche ne se déforme pas, mais ce n'est plus une mouche, c'est un bourdon, une abeille, un hérisson armé de dards, de pointes, aussi difficile à avaler qu'un cheval de frise, et que le poisson rejette aussi vite qu'il le peut.

Voici qui pare aux deux cas énoncés.

A l'aide d'une lame de canif ou de tout autre instrument mince et tranchant, on enlève légèrement la surface cornée d'un piquant de porc-épic. Avec un morceau de verre cassé, on le rend aussi mince et aussi souple que l'on veut en raclant du côté interne, et on arrive à avoir de petites lamelles d'un noir brillant, presque diaphanes, élastiques, se pliant sans résistance, pouvant séjourner longtemps dans l'eau sans jamais se déformer, et que l'on taille aux ciseaux en imitant parfaitement la forme des ailes de l'insecte vivant.

Avec des hameçons ainsi arrangés, j'ai pêché tant avec la ligne volante simple qu'avec la ligne volante à rouet, à toutes les heures du jour, dans des saisons et des pays bien différents, et toujours avec succès, car la mouche ordinaire, si bien imitée ainsi, existe sous toutes les latitudes, vole du matin au soir, est par conséquent celle que le poisson connaît le mieux, par la simple raison qu'elle est la plus commune.

A peine m'étais-je avancé sur les bords du lac, en marchant sans bruit, et avais-je fait siffler le fil de soie en fouettant, pour le jeter à la surface de l'eau, qu'une lame d'argent, rapide comme l'étincelle, s'élançait sur l'appât trompeur ; une légère secousse, se traduisant dans la main par un petit coup sec et presque sonore, m'indiquait le moment de *crocher*, et, une seconde après, je tenais en main une jolie truite à la peau couleur de chair, constellée de taches brunes et rouge carmin. Cinq ou six fois je fis voltiger les mouches avec plus ou moins de chances, lorsqu'une vigoureuse saccade fit plier le bout du roseau, tendre le fil de soie, et ne me donna que le temps de faire partir le ressort du rouet. Il tourne, se dévide avec rapidité ; peu à peu le fil mollit, le rouet s'arrête, j'embobine doucement, j'amène à moi bien lentement et aperçois à quelques pieds une truite magnifique, qui tout à coup reprend un élan nouveau, disparaît, mais est bientôt ramenée ; elle repart encore, plonge, revient, et quelques minutes après la résistance s'affaiblit, cesse, car l'habitante des eaux est à bout de forces, elle est noyée, et va rejoindre les hôtes gisant sur l'herbe qui garnit le fond de mon panier de pêche.

Un appel coup sur coup répété et avec des intonations de plus en plus douloureuses me rendit un instant immobile, puis inquiet, en reconnaissant la voix de Massil. Je jetai ma ligne sur le gazon et courus de son côté ; en l'apercevant de loin, mes appréhensions furent calmées : il était à quelques pas du bord, tête nue, en bras de chemise, la canne de sa ligne dans la main gauche, tandis que de la droite il tenait son oreille, et se plaçant tantôt sur un pied, tantôt sur l'autre, il faisait des grimaces, des contorsions, et jurait à faire frissonner son président ; j'allais être vengé de ses sarcasmes et, malgré son impatience, je marchai vers lui à pas comptés et m'arrêtant à distance :

— Pourquoi mon frère, la Queue-Brillante, aboie-t-il comme un coyotte ? Est-ce pour faire voir qu'il connaît la danse de l'ours ou du scalp qu'il a dérangé un guerrier ?

— Eh non ! sacrebleu ; je n'ai guère envie de danser, j'ai un hameçon dans l'oreille droite, et dans le gras encore ! et je vous appelle pour me l'enlever.

— Que mon frère se rassure : ce qu'il prend pour un hameçon n'est autre chose que le Manitou qui veut souffler à la Queue-Brillante quelques-uns des secrets connus seulement des Visages-Pâles.

— Que le diable soit du Manitou, de la Queue-Brillante et de tout ce galimatias ! Il s'agit bien de tout cela ! mon oreille me fait un mal atroce ; au nom du ciel, aidez-moi !

Pendant qu'avec beaucoup de peines et de précautions j'opérais l'extraction, Massil trépignant, soufflant, sacrant, m'expliqua ce dont je m'étais douté d'abord, c'est qu'en fouettant avec la ligne pour pêcher les truites, il n'avait pêché que son oreille.

La blessure du pêcheur n'était absolument rien : quelques lotions d'eau fraîche apaisèrent la douleur, et nous continuâmes nos exploits, car Massil, à son tour, réussit si bien que sa gaieté, un instant altérée, reparut tout entière et éclatait à chaque nouvelle capture.

L'heure arrivait de rentrer au camp. Le soleil, disparaissant derrière la montagne, dorait encore la cime des arbres et des rochers : le long crépuscule des jours d'été allait commencer, moment d'ineffable quiétude pour la nature entière qui sent l'approche du repos. Ce n'est plus le jour, ce n'est pas encore la nuit ; les senteurs aromatiques des arbres et des plantes paraissent plus enivrantes ; on dirait que les fleurs, avant de se refermer, veulent, comme l'oiseau qui chante son hymne du soir, faire remonter vers Dieu les parfums dont il les a dotées et le remercier du dernier rayon qui est venu les caresser. Le roseau, le glaïeul inclinent mollement leurs bras flexibles, secouent leur chevelure verdoyante, tandis que les eaux du lac, unies et brillantes comme une glace de Venise, reflètent les teintes chaudes de l'astre qui s'en va, tout en faisant scintiller les diamants de l'étoile qui se lève. Dans la forêt, sous le dôme des grands arbres, le robuste et élégant pivert frappait ses derniers coups sur le bois sonore, et le bruit de la hache de nos bûcherons y répondait, car l'homme, poussé par la volonté inflexible d'un Être suprême, est le premier et le dernier au travail, que ce soit par plaisir ou par nécessité.

Tout était en mouvement autour de la tente : don Gregorio plumait des perdrix, quelques merles et quelques grives, produit de la chasse de Didier et de Roche ; le feu flambait en petillant, et don Pablo, abandonnant le chantier où le radeau était déjà presque terminé, préparait une broche rustique que l'un des paysans était chargé de surveiller, tandis que l'autre lavait soigneusement une salade de chicorée sauvage, de cresson du lac et d'angélique pyrénéenne, au goût prononcé, à la senteur forte, qui étonne d'abord, mais à laquelle le palais s'habitue facilement. Nous apportions pour notre contingent seize truites, parmi lesquelles trois étaient vraiment superbes : les petites furent confiées à Massil qui devait veiller à la friture ; je me chargeai de faire cuire les trois grosses d'après un procédé que je n'ai lu nulle part, mais que je recommande à tous les gourmands ; je n'en revendique nullement l'invention, car c'est un Hadjoute qui, en Afrique, m'a donné les premiers préceptes ; j'ai seulement perfectionné la méthode par trop primitive et je la livre avec confiance.

Quand le poisson est vidé, nettoyé, lavé, on le sale légèrement en dehors et en dedans, en ajoutant quelques pincées de poivre ou des fragments de piment rouge coupés menu ; puis on le beurre ou on l'huile extérieurement et on le plie dans une feuille de papier beurrée ou huilée consciencieusement ; c'est essentiel, et la première partie de l'opération est terminée. Voici la seconde :

Vous prenez de l'argile ; seulement je ne vous recommande pas la méthode de Massil pour vous en procurer. Quand elle est malléable, vous en formez un rouleau de la grosseur de la poignée d'un fusil et excédant un peu la longueur du poisson. Vous fendez le rouleau en long avec un couteau, de façon à avoir deux portions égales que vous aplatissez avec la main, jusqu'à ce qu'elles soient arrivées à une épaisseur d'environ deux centimètres ; sur l'une d'elles vous couchez votre poisson habillé de papier, vous le recouvrez avec la seconde moitié. A l'aide d'un peu d'eau, vous mouillez légèrement les bords que vous rejoignez ensuite en appuyant dessus avec les doigts ; vous faites en sorte de bien boucher toutes les ouvertures en passant la lame du couteau qui, à plat, lissera parfaitement l'enveloppe d'argile. Voilà la seconde partie menée à bien, il ne reste plus qu'à procéder à la cuisson.

Lorsque le foyer est bien allumé, que les cendres sont brûlantes et les charbons ardents, faites une

place pour vos moules de terre glaise, laissez au-
dessous d'eux une couche épaisse de cendres et de
charbons, recouvrez-les alors complétement et conti-
nuez d'entretenir le feu comme s'ils n'étaient pas là.
Si la chaleur est violente, vingt ou vingt-cinq minutes
doivent suffire ; dans tous les cas, lorsque l'enveloppe
prend une couleur rouge brique et se fendille un peu,
il est temps de la retirer. On casse le moule en frappant un petit coup sec, et le poisson cuit dans son
propre jus, préservé de tout contact par le papier
huilé, sort fumant, juteux, salé à point et délicieux
au goût.

Pendant tous ces préparatifs, la nuit était venue ;
notre campement offrait un aspect des plus pittoresques, et de loin ressemblait à l'un de ces établisse-
ments temporaires, habituels aux tribus de ce peuple
étrange qui erre dans l'ancien monde et que j'ai rencontré en France, en Espagne, en Autriche, en Hongrie, en Russie, toujours avec les mêmes mœurs, les
mêmes coutumes, le même type, le même idiome,
quoiqu'il porte vingt noms différents. Bohémiens,
Caracous, Gitanos, Zingaris, Tsinganes, sont frères
et sortent évidemment de la même souche.

Le foyer, largement alimenté de branches de pin,
envoyait dans les airs de longues colonnes de flammes, des gerbes d'étincelles d'or, dansant joyeusement au milieu des volutes de fumée odorante, et
éclairait de ses rouges reflets les grands pins au tronc
dépouillé d'écorce, qui, revêtant des tuniques san-
glantes, paraissaient, sous l'effet intermittent de la

lumière, s'animer, secouer leurs grands bras décharnés, chercher à joindre leurs mains crochues, glisser
sans bruit sur un sol de lave brûlante, pour commencer la danse macabre autour du feu du sabbat;
puis se plongeaient dans une ombre épaisse pour en
émerger plus terrifiants. Nos silhouettes, noires et
tremblotantes, avaient l'air de se raccourcir ou de
s'allonger en suivant les horribles évolutions de ce
tourbillon de spectres qui semblaient nous enserrer
de plus en plus dans un cercle infernal, impossible à
franchir.

Nous avions tout oublié pour contempler ce spectacle magique ; pas un mot n'était prononcé ; assis
ou debout, chacun avait gardé sa pose, et toutes les
facultés étaient concentrées dans le regard. Tout à
coup, une lueur plus vive évoque de nouveaux fantômes qui, sortant des profondeurs de la nuit, sem-
blent accourir avec des contorsions silencieuses ; un
cri strident, plein d'angoisses et de terreur, nous fait
tressaillir, frissonner jusque dans la moelle des os, et
ce cri est parti à nos côtés, là, du milieu de nous!
Est-ce la voix de Satan ou l'appel des esprits infer-
naux ? Non, c'était ce malencontreux Massil, la *Queue-
Brillante*, qui tenait à deux mains un foyer incan-
descent : le feu s'était communiqué à la poêle, la
friture brûlait.

Un concert général de malédictions accueillit l'interruption ; la fantasmagorie s'était envolée, le charme
était rompu pour faire place à la réalité, et il en est
toujours ainsi sur notre misérable planète de transi-

tion. L'homme a beau vouloir donner des ailes à son imagination, laisser son âme planer dans les régions des esprits, s'identifier aux grands mirages, reflets d'un monde inconnu et vers lequel il aspire constamment : quand il croit avoir pris sa place dans le royaume des intelligences, qu'il va soulever un coin du voile mystérieux qui borne sa vue, il est aussitôt ramené violemment en arrière, rejeté meurtri au milieu des nécessités de l'existence humaine ; l'âme rentre honteuse au logis, le corps seul domine désormais, et l'estomac trop souvent éteint la poésie.

Telle était notre situation. Nous courûmes au secours du cuisinier.

Le pauvre conseiller Massil, la tête penchée en arrière, les bras tendus, cherchait à éviter le contact des flammes, en maintenant la poêle enflammée loin de ses cheveux.

— Tenez bon ! ne lâchez pas ! lui criait-on de tous les côtés, sauvons la friture !

— Ah ! fichtre ! mais c'est chaud : dépêchez-vous ou j'envoie la poêle et tout au diable !

Pendant que chacun soufflait à pleins poumons, mais inutilement, Roche avait eu la sublime idée de s'emparer d'une serviette, l'avait trempée dans l'eau, et, la posant tout étendue sur la poêle, étouffait instantanément la flamme ; et le conseiller, délivré du danger, se mit incontinent à narrer une aventure à peu près semblable qui lui était arrivée du temps où il faisait son droit... et des crêpes, avec des grisettes de Toulouse.

Tout entier à ses souvenirs, il en était arrivé à une explication des plus scabreuses, lorsqu'il fut arrêté net par don Gregorio :

— Oh ! oh ! ceci n'est plus de la salade !

Nous fûmes pris d'un fou rire, car ces mots nous rappelaient une histoire racontée quelques jours auparavant par une dame qui, se trouvant à côté d'un confessionnal, entendit le prêtre disant d'une voix sourde, et probablement à chaque nouveau péché de la pénitente :

— Bon... bien... bien... bon !

Puis, après un assez long intervalle, elle l'entendit s'écrier d'un timbre plus sonore :

— Oh ! oh ! ceci n'est plus de la salade !

Jamais certainement le lac Noir n'avait retenti d'éclats plus joyeux, et, lorsqu'après le festin nous cherchâmes le repos sous la tente, ce ne fut pas sans peine que nous trouvâmes le sommeil.

Longtemps avant le lever de l'aurore nous quittions nos couches agrestes ; la nuit avait été fraîche, et en préparant le café nous étions tous fort aises de nous chauffer quelque peu. La matinée devait être consacrée à la chasse, et, en attendant qu'il fît assez clair pour partir, chacun passa minutieusement l'inspection de ses armes.

Massil, peu satisfait de la manière dont la longue carabine avait fourni sa carrière, remit une capsule neuve, mais sans résultat.

— Le diable s'en mêle, dit-il d'un air attrapé, c'est

pourtant une bonne arme : dites donc, Louis, voyez donc ce qu'il peut y avoir.

Je sortis les bourres ; le plomb était bien en place, mais la poudre me parut singulière ; je jetai dans le feu la charge que j'avais dans la paume de la main ; pas un grain ne flamba. Massil suivait attentivement tous mes mouvements.

— Ah ! bigre ! la Queue-Brillante a un œil d'aigle ; l'un des Visages-Pâles a voulu se *fiche* d'un pauvre Indien ! La longue carabine n'est pas muette, elle parlera : j'ai dit.

Et courant à son sac, il y prend sa poire à poudre ; et, avant que nous ayons pu deviner son dessein, il la verse dans le feu. Nous fîmes un immense saut de côté, dans la crainte, bien inutile, d'une explosion ; don Gregorio seul n'avait pas bougé. Massil s'avance alors vers lui, et lui dit avec une intonation de juge d'instruction :

— Mon père la Robe-Noire est bon, il n'aime pas le sang ; il pense avoir trompé un guerrier, mais mon père n'est qu'un lapin timide, et la Queue-Brillante est un grand chef.

— Grand chef tant que vous voudrez ; mais j'aimera mieux vous voir tirer avec la sarbacane, ce serait plus sûr et moins dangereux.

Le conseiller allait répondre aigrement, car il pinçait ses grosses lèvres, roulait ses petits yeux ; la bonne harmonie menaçait de se voiler la face ; il était temps d'intervenir, ce que nous fîmes avec un prompt et heureux résultat, car don Gregorio nous vint lui-même en aide, en disant qu'il n'avait pas eu d'autre intention que celle de faire une plaisanterie.

De la poudre véritable remplaça le charbon pilé, la longue carabine fut soigneusement chargée, et le dernier nuage disparut avec la première tasse de café.

Le jour était arrivé : nous nous séparâmes laissant don Pablo et les bûcherons travailler au radeau ; don Gregorio allait herboriser, et Roche, Didier, Massil et moi, entrâmes sous bois : les deux premiers par la gauche, nous en longeant les bords du lac.

Nous marchions à quelques pas l'un de l'autre ; mon chien quêtait : nous explorions avec attention les branches des arbres, dans l'espoir de rencontrer un écureuil, lorsqu'un chant bien connu de mes oreilles de chasseur, chant sonore et métallique, répété à intervalles égaux, vint me clouer sur place en accélérant les battements de mon cœur. Mon bon chien l'avait aussi reconnu, car il revint aussitôt, marchant silencieusement, la gueule entr'ouverte et presque souriante, l'œil gai, intelligent, et il fut se placer derrière moi en agitant la queue. D'un signe je recommandai la prudence à Massil, qui arriva à son tour, en avançant avec précaution.

— Qu'est-ce qu'il y a, me dit-il tout bas ?

— Chut ! un coq de bruyère, laissez-moi écouter.

— Un coq ! ça me va comme des gants de castor ou comme ma peau de rac...

— Chut donc, bavard ! Mettez du gros plomb et taisez-vous, au nom du diable !

Le coq recommençait à glousser ; à son roulement guttural, je pus m'assurer de la position qu'il devait occuper : mon plan d'attaque fut aussitôt combiné, et je le communiquai rapidement à mon compagnon, en lui laissant, au risque de ce qui pourrait arriver, l'honneur de tirer le premier. Guidés par le chant, nous devions avancer aussi longtemps que nous serions sous le couvert ; mais il était à présumer que l'oiseau serait perché à la cime d'un arbre isolé. Or donc, quand nous aurions atteint les clairières il fallait agir avec précaution, nous arrêter dès que le roulement se ralentirait, rester immobiles, couchés sur le sol ou tapis derrière un buisson, jusqu'au moment où le chanteur, tout entier à l'harmonie, nous permettrait de reprendre vivement notre course.

Tout ceci bien expliqué en quelques mots, nous ne perdîmes pas une minute, et, nous glissant au travers des pins, nous arrivâmes non loin d'un monticule, dont la base verdoyante était entièrement à découvert sur un espace de trente ou quarante mètres. Deux ou trois grands arbres s'élevaient au sommet, et des halliers de buis, enchevêtrés de ronces, couvraient toutes les pentes. Le soleil levant éclairait obliquement les cimes des pins ; le silence profond de la forêt nous imposait une excessive prudence. Cachés derrières les touffes de buis qui croissaient sur la lisière, nous attendions avec une impatience que tout chasseur comprendra sans peine. Massil respirait difficilement, de grosses gouttes de sueur perlaient sur ses tempes ; ses yeux, imperturbablement fixés sur les miens, épiaient leurs plus légers mouvements. Un tressaillement nerveux agite son visage, car la première note d'une gamme si impatiemment attendue se fait entendre : l'oiseau est sur l'un des pins qui couronnent le monticule, c'est évident. Je me penche vers le conseiller et lui souffle ces mots rapides :

— Traversez la clairière en courant, tendez le jarret et l'oreille, aplatissez-vous au bon moment; allez, et bonne chance ! »

Il n'avait certes pas entendu mes dernières paroles: plié en deux, il courait déjà comme l'Atalante antique, courbant à peine la cime des plantes, traversait sans encombre la clairière, et, donnant tête première au beau milieu du plus prochain buisson, s'étendait à plat, ne laissant paraître que la semelle de ses chaussures. Je ne pus m'empêcher, tout en riant, d'admirer les miracles que peut opérer la passion de la chasse, et de bien augurer d'un pareil commencement d'exécution.

Je devais à mon tour prévoir une mauvaise chance et chercher à la combattre : rentrant donc doucement sous bois, je tournai le monticule et vins m'établir où je pensais que pourrait passer l'oiseau, s'il s'envolait avant ou après le coup de fusil de Massil.

Depuis que j'étais à mon poste, notre coq, comme celui de saint Pierre, avait chanté pour la troisième fois, sans que rien fût venu troubler sa quiétude et calmer mon impatience : que pouvait faire la Queue-Brillante, où était-il ? C'était le cas ou jamais de déployer ses talents de trappeur. Mon chien couché à mes pieds me regardait d'un air attentif. Bientôt l'oiseau se fait entendre, et chacune de ses intonations, maintenant si rapprochées, paraît sortir d'un gosier en cuivre ; il module, cadence, fait résonner les bois sous une avalanche de notes. Un coup de feu interrompt ses exercices de vocalisation ; les échos lointains répercutent la détonation, à laquelle succèdent, non plus un chant, mais des cris, des appels pressants :

— Il y est ! il y est ! Louis, vite ! le coq est resté sur l'arbre ! criait le conseiller.

— Eh bien ! rechargez promptement et envoyez-lui un second coup.

— Mais il est mort ; seulement, il est pendu par le cou.

Je quittais mon affût et allais m'engager au milieu des taillis du monticule, lorsque mon chien lève tout à coup le nez, reste un instant immobile en aspirant le vent, puis se met en marche, rasant le sol, fait une quinzaine de pas, se redresse lentement, la queue roide, le corps tendu, la patte en l'air, et demeure en place, comme s'il était pétrifié, changé en cariatide : il était à l'arrêt, devant une épaisse touffe de genévrier du milieu de laquelle s'enlèvent une demi-douzaine de poules et de jeunes coqs. Ils étaient partis si près de moi, que je dus les laisser filer un instant ; puis, épaulant prestement, je tirai la plus grosse poule, et du second coup, tout en n'ajustant qu'un seul des fuyards, j'eus la chance d'en abattre deux ; un grain de plomb égaré avait frappé derrière la tête un jeune mâle prêt à quitter la livrée.

Une voix venant de haut me crie :

— Qu'avez-vous tiré ? qu'est-ce que c'est ? Venez, je suis fort mal à mon aise.

Tout en répondant, je gravis jusqu'au sommet : il n'y avait personne, mais le sac, la casquette de renard, la longue carabine reposant à terre l'un sur l'autre, me prouvaient que le propriétaire ne pouvait être fort loin.

— Eh ! là-bas, je suis sur l'arbre ! mais depuis un bon moment, je ne puis ni avancer ni reculer.

En levant les yeux, un fou rire s'empara de moi : Massil, à cheval sur une branche, les jambes pendantes, la main gauche cramponnée, essayait avec la droite de se débarrasser d'un tronçon coupé en biseau, qui avait perforé le fond de son vêtement indispensable, mais bois et étoffe résistaient à tous ses efforts.

— Riez, ne vous gênez pas, ma position est assez bête pour cela ; et dire que sans ce méchant bout d'écorce, ou si mon tailleur avait eu l'intelligence de me fournir une mauvaise culotte, je n'aurais qu'un pas à faire pour atteindre mon coq !

— Si vous avez votre couteau, fendez l'étoffe.

— Oui, je l'ai ; parbleu, c'est une idée lumineuse ; mais... si je me fends la peau ? Ah ! bah ! tant pis, j'aurai une noble blessure à montrer.

— Noble, cher ami, je ne dis pas non, puisque vous l'aurez gagnée sur le champ de bataille, mais bien placée, et facile à faire admirer, je le nie.

Il s'en tira beaucoup moins maladroitement qu'on n'aurait pu le penser; décroché lui-même, il en fit autant de l'oiseau, et, reprenant à reculons le chemin du tronc, il se laissa glisser avec les précautions et la grâce légère d'un ours. Son premier mouvement en touchant le sol fut de me saisir à l'improviste, et m'embrassant sur les deux joues :

—La Queue-Brillante est reconnaissant, mon brave Louis, voilà du dévouement! Grâce à vous, j'ai abattu un *rara avis ;* car je l'ai bien abattu! Le voilà; est-il beau! Que l'on vienne maintenant me parler des dindons sauvages ; moi, j'ai tué un phénix !

Nous redescendîmes vers la forêt, et, après nous être reposés quelques instants en mangeant un morceau de pain et de chocolat, nous cherchâmes à compléter notre matinée en tirant des écureuils.

Ce charmant rongeur pullulait autrefois dans toutes les forêts, et surtout dans les bois de hêtres ; il y en existe encore en assez grand nombre, mais les chasseurs se multipliant en raison inverse du gibier, profitant des déboisements successifs et excessifs, ont fini par le détruire dans maints cantons, et c'est dommage, car son tiré offre des difficultés, des imprévus pleins de charmes.

Sa vivacité est proverbiale, sa légèreté égale celle de l'oiseau. Qu'il est gracieux, quand, trottinant sur le sol, il cherche les faînes tombées, les écorces tendres des jeunes pousses! Il s'assied élégamment et relève en panache sa queue touffue, va, vient, sautille, se roule, bondit et joue comme un jeune chat : qu'un bruit suspect frappe son oreille, qu'une gaule pliée reprenne brusquement sa place, il s'élance contre le tronc de l'arbre le plus voisin, et, rapide comme l'éclair, va se blottir dans une enfourchure ou s'accrocher à la cime la plus élevée, cachant son corps, mais épiant d'un œil vigilant et soupçonneux. A l'approche de l'homme, il s'applique, s'incruste avec ses ongles aigus contre une grosse branche perpendiculaire, suit tous les mouvements de son ennemi, tourne quand il tourne, et se maintient, avec une scrupuleuse attention, toujours derrière l'abri qui le protége.

Son nid est un chef-d'œuvre. Il est placé au bout d'une branche fourchue, trop faible ordinairement pour supporter, sans casser, le poids d'un corps un peu lourd ; des brindilles entrelacées, calfeutrées de mousse et d'herbes sèches, forment une sphère imperméable, solide et parfaitement confortable, car l'intérieur est tapissé de fines mousses d'Espagne, de plumes, de duvet de chardons, et dans quelques-uns j'ai trouvé des flocons de laine, de longues et souples aiguilles d'amiante, et jusqu'à un morceau de voile en gaze verte. Deux ouvertures rondes et étroites, pratiquées sur les deux faces opposées, témoignent d'une prudence et d'une prévision intelligentes.

Une attaque est possible, s'est-il dit, ménageons-nous un moyen de battre en retraite.

Ce qui le perd le plus souvent, c'est sa timidité, sa poltronnerie ; le chasseur connaît sa partie faible, et l'expérience lui a donné les moyens d'en profiter. Il s'approche de l'arbre, frappe le tronc d'un coup de talon ; ce bruit inusité, dont la force est centuplée par les fibres du bois, bon conducteur du son, épouvante l'écureuil, qui, éperdu, terrifié, quitte au plus vite sa retraite, grimpe follement, arrive en un clin d'œil à l'extrémité des branches, s'élance dans l'espace, paraît voler comme l'oiseau, atteint l'arbre voisin, et, s'il n'est pas frappé par le plomb, bondit de l'un à l'autre et disparaît comme ces feux follets qu'emporte le vent de la nuit : mais quelquefois la distance à franchir en sautant est trop grande, le point d'appui lui a manqué pour prendre un vigoureux élan, ou la peur ne lui a pas permis de bien calculer le but : il tombe d'une hauteur effrayante, le chasseur se précipite, le chien accourt, ils ont l'espoir de trouver le pauvre animal brisé, mutilé, expirant ; mais une étincelle rouge a touché le sol, a semblé y puiser une force de propulsion nouvelle, elle remonte dans les airs et s'évanouit sans laisser de traces ; le chien jappe au pied de l'arbre, le chasseur reste bouche béante, le fusil à l'épaule, et l'écureuil est déjà loin.

Toutes ces ruses lui sont très-utiles lorsqu'il n'a affaire qu'à un seul chasseur, mais elles ne lui servent plus à rien quand il est en face de deux fusils ; la vivacité de ses allures, ses ascensions, ses élans impétueux peuvent seuls le sauver, car il ne peut plus espérer cacher sa présence à quatre bons yeux, qui, par paire, explorent à la fois les deux faces de l'arbre.

C'est ce qui arriva pendant le reste de la matinée : Massil se conduisit en tireur consommé, et, comme le silence n'était plus de rigueur, il put donner libre cours à sa langue et à ses phrases à l'indienne, qui ne furent jamais plus émaillées de termes amphigouriques, emblématiques, de grand Manitou et de grand chef.

Depuis plus de trois quarts d'heure, nous avions forcément cessé le feu, car nous n'apercevions plus un seul écureuil, lorsque mon chien lève vivement le nez, saute dans un épais buisson qui le dérobe à notre vue, et bientôt nous l'entendons s'éloigner en jappant ; guidés par sa voix, nous nous élançons dans la direction qu'il a prise et nous le trouvons debout contre le tronc d'un vieux grand pin, aboyant comme un furieux en regardant en l'air. Cette façon d'agir était tellement en dehors de ses habitudes, qu'il m'était impossible d'en deviner la cause : il était certain qu'un animal extraordinaire avait été lancé et poursuivi par lui jusqu'au pied de l'arbre, mais quel était-il ? Je ne pouvais le savoir encore, car malgré l'attention la plus scrupuleuse, en examinant les branches les unes après les autres, le sol pour chercher une empreinte, rien n'apparaissait. Massil, qui avait tourné le tronc, me dit :

— En voilà une sévère ! à moins que ce ne soit un oiseau, où diable cette bête peut-elle être passée ? J'ai beau écarquiller les yeux, je ne vois pas plus que ne voyait ma sœur Anne ! Ah ! corne de buffle ! il y a un grand trou, là-haut, dans l'arbre.

Je courus de son côté ; en effet, une ouverture assez large s'offrait à nos regards, à quelques pieds au-dessus de la naissance des premières branches. Quittant aussitôt tout ce qui pouvait gêner mes mouvements et me rappelant les jeux de mon enfance, j'embrassai vigoureusement le tronc, et des genoux, des bras, des pieds et des mains, j'atteignis assez lestement la fourche où je m'assis à califourchon pour sonder la profondeur et la direction du trou. Quelques longs poils blanchâtres adhéraient aux bords, et, après les avoir examinés, je crus pouvoir affirmer à Massil qu'un chat sauvage était réfugié là.

— Un chat sauvage ! fameux ! quelle belle casquette on pourra faire ; mais comment le déloger ?

— Coupez une longue gaule et passez-la-moi, pour que je m'assure de l'endroit où il peut être.

Une minute après, j'introduisis le bout de la baguette dans le trou, mais elle ne put pénétrer ni par le haut ni par le bas, le tronc était plein : une grosse branche morte prenait naissance en face de celle sur laquelle j'étais à cheval, et, en regardant attentivement, je m'assurai que l'ouverture se prolongeait dans ce sens. La gaule entra sans toucher les bords, et, quand elle eut disparu tout entière, j'allongeai le bras et sentis une résistance comme celle qu'offre une pelote de laine. En retirant ma sonde, je vis avec joie quatre poils attachés à son extrémité : la bête était au logis.

— Quelle chance ! quelle chance ! chantait Massil en dansant sur un pied ; le cœur de la Queue-Brillante est comme une pirogue nageant sur les grands lacs. Ce n'est pas un chat que mon père le chasseur pâle a découvert, c'est un jaguar ! Quelle chance, grand Manitou, quelle chance !

— Eh ! dites donc, Peau-Rouge, au lieu de danser et de chanter, nous ferions mieux, ce me semble, de chercher à prendre notre jaguar !

— Parbleu ! enfumons-le ; quand il sortira en se frottant le nez, pan ! la longue carabine parlera.

— Oach ! mais il vaudrait mieux tâcher de l'avoir en vie : si nous ne pouvons pas, il sera toujours temps de le tirer ; je vais essayer.

Et descendant aussitôt, j'expliquai rapidement mon projet. La branche morte n'avait pas d'autre ouverture que celle qui communiquait au tronc, c'était facile à voir : l'animal était entré la tête la première, les poils que la gaule avait rapportés l'indiquaient ; en outre, il ne pouvait sortir qu'à reculons, car il n'eût pas manqué de mordre le bâton, s'il avait pu se retourner. Il s'agissait donc de boucher bien hermétiquement l'entrée, aussi avant que possible, pour lui couper toute retraite, puis de scier ou de frapper la branche à coups de hache, entre le tampon et le tronc de l'arbre ; de cette façon nous tenions le prisonnier enfermé comme dans une ratière.

— Mais c'est un trait de génie ! s'écria le bon conseiller.

— Ainsi c'est bien compris, n'est-ce pas ?

— Il faudrait donc que je fusse aussi bête qu'un hanneton, ou que mon confrère M***? Si c'est compris ? vertuchoux ! vous allez voir ; pendant que vous monterez la garde avec votre caniche, au pied du pin, moi, je cours au wigwam ; je réunis les trappeurs et nous revenons avec de la terre glaise, des haches, des scies, des cordes, pour empêcher la branche sèche de casser en tombant comme le tuyau d'un calumet d'un sou ! la branche est enlevée, emportée sur nos épaules, puis, en sortant du bois, nous la débouchons doucement et le jaguar est pincé.

— Voilà le *hic !* sera-t-il pincé ? Cela me paraît difficile : mais allez toujours, nous trouverons peut-être un bon moyen.

Dès qu'il eut disparu, je m'assis en face de l'ouverture, et le fusil sur les genoux, le cigare aux lèvres, je me mis à réfléchir, tout en surveillant attentivement. Je trouvais et repoussais cent idées plus impraticables les unes que les autres, lorsqu'enfin j'en accrochai une qui me parut offrir des chances de réussite et promettre, de plus, de gaies péripéties.

Rien n'avait bougé sur l'arbre, et je commençais à trouver la faction un peu longue, lorsque j'entendis au loin retentir des cris joyeux, mêlés à de nombreux éclats de rire, parmi lesquels il me semblait distinguer des timbres féminins. Je croyais me tromper, lorsqu'au travers des arbres j'aperçus des robes, des chapeaux de paille au milieu d'un groupe nombreux que Massil précédait en éclaireur, et je reconnus les jeunes baigneuses de Molitg qui venaient nous surprendre agréablement et prendre leur part des plaisirs et des émotions du désert. Nous fûmes bientôt réunis, et il fallut de nouveau raconter les détails de la chasse, expliquer la façon dont nous comptions nous emparer du captif. L'impatience d'assister à la prise d'un animal féroce, dont Massil avait quintuplé la taille et la puissance, se mêlait chez ces dames à une crainte qui n'en était pas moins réelle, quoiqu'elle fût exprimée joyeusement ; réunies à quelques pas de l'arbre, elles se mirent sous la protection de don Gregorio, qui jurait de se laisser dévorer en les défendant, et de tous les hommes qui n'étaient point nécessaires à l'opération, laquelle commença aussitôt.

Pendant que l'un des bûcherons s'établissait sur l'arbre, la terre glaise apportée dans une bourriche fut mélangée avec des cailloux, de la mousse d'Espagne, et hissée jusqu'à lui au moyen d'une corde jetée en va-et-vient : le creux de la branche morte fut parfaitement bouché, aussi loin que le bras pouvait atteindre, puis la corde attachée en nœud coulant au milieu de ladite branche fut passée sur une autre, et le bout pendant jusqu'au sol fut confié aux mains de don Pablo, de Roche et de Massil qui devaient larguer l'amarre doucement, dès que la hache aurait fait son office. Dix minutes suffirent pour détacher prison et prisonnier qui, flottant, tournant dans l'air pendant quelques secondes, s'affalèrent lentement et furent reçus sans encombre.

Les spectatrices battaient des mains et parlaient toutes à la fois, tandis que, chargeant la branche sur nos épaules, nous nous mettions en marche pour sortir de la forêt, et procéder comme nous pourrions à l'ouverture de la ratière.

Une forte odeur de musc, que j'avais sentie dans le creux de l'arbre, s'exhalait du fardeau que nous portions et fut remarquée par tous. Mes perplexités au sujet de l'identité de l'animal enfermé redoublaient, car jamais chat sauvage, fouine, martre ou putois, n'avait épanché senteur pareille. Mes souvenirs eurent bientôt fixé mes doutes : nous avions en notre pouvoir une genette, pour moi désormais c'était certain ; je me rappelais deux occasions où j'avais pu me convaincre de la force et de la ténacité de ce parfum désagréable et incommodant ; la première dans les Cévennes, au château de Saint-Félix-Despaillères, chez ma mère, où une genette prise par la jambe au traquenard, et conservée trois mois en vie, avait infecté la chambre dans laquelle je l'avais enfermée ; la seconde à Axat, où, après avoir tué d'un coup de fusil un beau mâle, juché sur un tilleul de la forêt de Fontenilles, j'avais eu l'imprudence de le mettre dans mon sac de chasse, qui fut si complétement et si affreusement imprégné, que j'en fis don à l'un des gardes de mon père, pour ne plus l'avoir trop près de mes nerfs olfactifs.

Tout en avançant, j'émis cette opinion ; elle fut vivement combattue par plusieurs d'entre nous, qui s'appuyaient sur divers auteurs anciens et modernes, prétendant à tort que la genette n'existe plus en France ; mais la théorie, quelque affirmative qu'elle soit, ne peut prévaloir contre les faits, et j'espérais une troisième preuve palpable de ce que j'avançais.

Il fallait modifier mon plan, ne rien laisser à l'imprévu, car je tenais infiniment à posséder en chair et en os, remuant et agissant, un spécimen que l'on prétendait être si rare et presque antédiluvien.

Massil émit une idée qui réunit tous les suffrages :

— Vous voilà embarrassé comme un chat dans des étoupes, et pourtant rien n'est plus facile : le radeau est terminé, don Pablo l'a mis à flot ; nous embarquerons la branche avec nous, puis, à quelque distance du bord, nous enlèverons la cloison qui ferme l'ouverture et nous forcerons l'animal à sauter à l'eau. Avec un sac, nous le prendrons pendant qu'il nagera, et le tour sera fait.

Le projet était admirable, et l'auteur revendiqua le droit de le mettre lui-même à exécution, à la grande satisfaction des dames, qui se promettaient un plaisir d'autant plus grand que le danger n'existait plus pour elles.

En arrivant sur les bords du lac, la branche fut déposée sur le radeau ; mais, avant de pousser au large, nous envoyâmes prendre au camp un sac et l'un des paniers qui avaient servi à transporter les provisions, et je m'armai d'une fourche que je coupai au plus prochain buisson. Les spectateurs s'assirent sur l'herbe, tandis que Massil, Roche, l'un des bûcherons et moi, dérapions, non sans peine, et voguions lentement. A cinquante ou soixante mètres du bord nous mîmes en panne, et Massil se mit incontinent à déboucher la branche en faisant voler dans le lac cailloux et terre glaise.

Quand il eut tout enlevé, il regarda dans l'intérieur, mais il ne put rien apercevoir ; l'odeur de musc était si forte qu'il ne put continuer. Nous soulevâmes la branche en la maintenant debout, l'orifice en bas, et la soulevant tous ensemble, nous la laissâmes plusieurs fois retomber sur le bord du radeau, dans l'intention de faire dégringoler l'habitant : ce fut en vain, il devait se cramponner avec les ongles, et pour m'assurer de la hauteur à laquelle il devait se trouver, j'introduisis le manche de ma fourche qui mesura plus d'un mètre avant de le toucher. Toutes ces manœuvres avaient dû lui être aussi désagréables que possible, car nous l'entendions gronder chaque fois que le bâton l'atteignait.

Don Pablo nous dit alors :

— Jamais vous ne le ferez sortir ainsi : il est placé à un mètre vingt ; supposons qu'il ait un mètre de longueur, ce qui n'est pas possible, il n'y a qu'à couper la branche à cette distance, et quand elle sera ainsi ouverte des deux bouts, c'est bien le diable si nous ne l'attrapons pas en plaçant le sac devant le nouvel orifice.

Le bûcheron se mit incontinent à l'œuvre et sciait énergiquement, pendant que Massil, habit bas, les manches de sa chemise retroussées jusqu'aux coudes, préparait le sac en en roulant les bords pour pouvoir le tenir tout grand ouvert. Dès que le tronçon fut prêt à être enlevé, le conseiller se mit à genoux sur l'extrémité du radeau, bien en face de la branche, les bras étendus, le sac béant, et prêt à la manœuvre. En trois coups de scie le morceau tombait, le manche de ma fourche, faisant l'office de refouloir, était poussé avec force, lorsque le radeau s'incline brusquement, l'eau du lac jaillit en gerbe, s'entr'ouvre, retombe en cataractes, et se referme en formant de larges cercles : un cri d'effroi fait retentir les rivages, la Queue-Brillante avait disparu !

Avant que nous eussions pu nous rendre compte de l'événement, deux têtes apparurent à la surface presque simultanément ; la première fut celle de la genette, car c'en était bien une ; la seconde, celle de Massil qui nageait vigoureusement, en soufflant comme un marsouin, jurant comme un païen, gonflant les joues et coiffé de l'inamovible peau de racoon, dont la queue ruisselante suivait toutes les ondulations de son sillage. Une minute après nous le hissions à bord et voguions à la poursuite du fugitif, qui, tout étourdi de son plongeon et du bruit, battait l'eau, tournoyait sans gagner du terrain, enfin était en train de se noyer. Je le saisis par son long appendice caudal, touffu et annelé, puis, le tirant brusquement pour l'empêcher de se retourner et de me mordre, je le jetai dans le panier, dont le couvercle fut aussitôt abaissé et maintenu par une cheville.

En touchant au rivage, nous fûmes conduits en triomphe jusqu'à la tente, sous laquelle Massil disparut pour changer de vêtements. Pendant ce temps, les provisions, doublées par celles que nos charmantes visiteuses avaient apportées, furent étalées sur l'herbe, et une heure après nous n'avions pas encore renoncé à les fêter.

La journée se passa à courir dans les bois, à cueillir des fleurs et à préparer la grande pêche pour la nuit. Quand les dames connurent ce projet, il ne fut plus question de rentrer au logis, toutes voulurent rester : don Gregorio eut beau dire que les nuits étaient fraîches, que la tente était trop petite, que les loups hurlaient dans les bois, il fut bon gré mal gré forcé de se taire et de s'incliner devant des volontés formellement exprimées en deux mots :

« Nous resterons ! *Quedaremos!* »

Un peu avant le coucher du soleil, le grand filet fut mis à l'eau dans l'endroit le moins embarrassé de roches et de troncs d'arbres : nous espérions que les truites qui seraient effrayées du bruit de la pêche au feu viendraient donner dans les mailles, et nous attendîmes gaiement l'heure du départ.

Un grand amas de bois avait été placé sur la pointe du roc le plus avancé dans le lac ; il devait être allumé en même temps que les pommes de pin placées dans la marmite que nous emportions, et Roche, posté à côté du grand foyer, armé d'un trident, devait frapper les poissons attirés par la lueur, tandis que j'en ferais autant en pleine eau.

Vers les huit heures, don Pablo et moi montions sur le radeau, tandis que Roche, suivi des simples spectateurs, se dirigeait vers son poste. Nous glissions sans bruit sur l'onde unie, et quand nous pensâmes

avoir atteint le milieu du lac, nous restâmes immobiles, attendant le coup de sifflet, signal dont nous
étions convenus pour annoncer que tout était prêt.
Le son des voix, les éclats de rire arrivaient frais et
joyeux jusqu'à nous, tandis que nos yeux ne pouvaient rien distinguer, au milieu des ténèbres de la
nuit : nous entendions le bruit des branches sèches
craquant sous les pieds, des petits cris féminins, courts
et métalliques, suivis du sourd murmure de voix
nombreuses ; puis, le silence se fit, l'air frissonna
sous une note aiguë et stridente, et une gerbe de
flamme, s'élançant tout à coup en longues spirales,
éclaira de reflets d'or et de pourpre des groupes pittoresques se détachant vivement sur le noir de la
forêt, et se reflétant dans le miroir tremblotant du
lac, qui apparut comme une large coulée de laves ;
nos pommes de pin flambèrent à leur tour et nous
n'eûmes plus d'autre pensée que celle de surveiller
avec soin l'approche du poisson.

La voix n'arrive pas sous l'eau, mais le moindre
choc, le plus léger trépignement, se traduit profondément, et cela est si vrai, que lorsque vous êtes
assis au bord d'un bassin, d'un lac ou d'une rivière,
les poissons ne sont effrayés ni des paroles, ni des
chants, ni même des cris ; mais frappez le sol du plat
de la main ou d'un léger coup de talon, tous disparaissent à l'instant et avec une rapidité que la peur
seule donne.

Notre feu était placé sur l'avant du radeau, à
l'angle gauche, tandis que, le corps un peu penché

en avant, les jambes solidement plantées, je tenais le manche du harpon, dont la fine corde, enroulée dans ma main droite, était attachée au poignet. Je guettais ainsi le moment où je pourrais agir.

Dans les premiers temps, et tant que rien ne se meut, on croirait ne pouvoir jamais rien distinguer, à cause de la rouge réverbération de la flamme ; mais bientôt de petites larmes d'argent, des atomes bronzés, passent comme des étincelles, vont, viennent, montent, descendent ou restent immobiles, et l'on peut suivre facilement toutes leurs évolutions : ce sont les plus petits poissons qui sont attirés les premiers et paraissent tout joyeux du retour inattendu du soleil. Les rayons trompeurs ont pénétré au plus profond des eaux et frappé l'œil des anciens : l'étonnement fait place à la curiosité, ils s'avancent lentement, dans l'ombre, avec prudence ; mais, rassurés par le calme, le silence, la quiétude même du menu fretin, ils entrent dans le cercle lumineux, reculent, puis reviennent, veulent voir de plus près, ou, désireux de se réchauffer, arrivent jusqu'à la surface, en remuant imperceptiblement leurs nageoires ; mais le harpon fend l'air en sifflant, plonge rapide, entraînant avec lui la proie qu'il a frappée ; vainement elle se débat, le fer barbelé la retient impitoyablement ; et le pêcheur, ramenant doucement la corde déroulée, se prépare à une nouvelle capture.

Cependant tous les coups ne portent pas, à moins d'avoir une habileté que donne seule l'habitude ; le harpon mal lancé frappe dans le vide, ou la place occupée par le poisson est mal calculée ; aussi eûmes-nous des alternatives de triomphe et de désappointement. Roche, de son côté, devait en faire autant, car les intonations, les paroles des spectateurs, nous arrivaient distinctes et nous apprenaient vite une victoire ou une défaite.

Jusqu'à une heure après minuit nous eûmes assez de provisions de pommes de pin pour entretenir notre foyer, mais comme alors la lune se leva pure et brillante, nous jugeâmes inutile de continuer la pêche au feu, et battant l'eau fortement, faisant grand bruit avec les pieds sur les madriers du radeau, nous nous dirigeâmes en louvoyant du côté du filet.

En approchant, nous vîmes les morceaux de liége qui le soutenaient à la surface de l'eau dansant une sarabande du meilleur augure. Nous ne voulûmes pas le retirer sans que les dames, qui avaient montré tant de désir d'assister à nos exploits, fussent présentes. A notre appel, tout le monde accourut bientôt sur le bord le plus rapproché, et nous nous mîmes à l'œuvre : à peine avions-nous commencé à amener, qu'il fut certain que nous allions faire une pêche miraculeuse ; le filet tressautait, et de fortes secousses se faisaient sentir jusque dans nos bras ; en effet, des truites de toute taille, dont quelques-unes de trois ou quatre livres, des barbeaux aux longues moustaches, étaient suspendus aux mailles par les ouïes, ou pris dans les bourses de la double trame.

Le jour apparaissait derrière les grandes montagnes lorsque nous fûmes prendre un peu de repos.

Quoique harassés de fatigue, nous nous étions tous fort amusés ; assis autour d'un grand feu, nous fîmes notre matinal et dernier déjeuner, car le moment du départ approchait, et quelques heures après nous quittions, non sans regret, les bords et les sites pittoresques du lac Noir, pour retourner au fond de l'entonnoir qui a nom Molitg.

Pendant longtemps nos conversations du soir roulèrent sur les péripéties de nos trois journées, et sur les exploits inattendus de notre ami Massil, la Queue-Brillante.

FIN.

Paris. — Typographie HENNUYER, rue du Boulevard des Batignolles, 7.